高职高专"十二五"规划教材·数控系列
国家骨干高职院校建设项目成果

FANUC 系统数控车床编程与加工

许云飞 主 编

高洪武 李 兵 张 欢 副主编

余 丽 叶伟生 殷红梅 参 编

李 宏 主 审

电子工业出版社
Publishing House of Electronics Industry
北京·BEIJING

内 容 简 介

本书以教育部数控技术应用型紧缺人才的培训方案为指导思想,根据高职高专教育专业人才培养目标的要求,在总结了编者多年数控机床应用领域的教学和工程实践经验的基础上编写而成。教学内容的选取围绕课程主线进行,体现"宽、浅、用、新"的原则。全书介绍了主流数控系统FANUC的最新功能、先进的工艺路线和加工方法、各种编程指令的综合应用及数控机床的操作;重点讲述了数控车床的编程与加工,由浅入深、循序渐进、讲解详细,使本书更具有针对性、可操作性和实用性,力争为数控加工制造领域人才的培养起到促进作用。

本书内容涵盖了数控车床操作工的国家职业标准绝大部分知识点和技能点,可作为高等职业技术学校数控技术应用、机电一体化、模具设计与制造等专业的教材,也可作为职工大学、函授大学、中专学校、技工学校的教材,可供有关技术人员、数控机床操作人员学习、参考和培训之用。同时出版的《FANUC系统数控铣床编程与加工》为其姊妹篇,可供读者选用。

未经许可,不得以任何方式复制或抄袭本书之部分或全部内容。
版权所有,侵权必究。

图书在版编目(CIP)数据

FANUC系统数控车床编程与加工/许云飞主编. —北京:电子工业出版社,2013.10
高职高专"十二五"规划教材·数控系列
ISBN 978-7-121-21675-6

I. ①F… II. ①许… III. ①数控机床-程序设计-高等职业教育-教材②数控机床-加工-高等职业教育-教材 IV. ①TG659

中国版本图书馆CIP数据核字(2013)第244727号

策划编辑:郭穗娟
责任编辑:周宏敏   文字编辑:张 迪
印   刷:北京虎彩文化传播有限公司
装   订:北京虎彩文化传播有限公司
出版发行:电子工业出版社
          北京市海淀区万寿路173信箱   邮编   100036
开   本:787×1 092 1/16 印张:15.25 字数:390.4千字
版   次:2013年10月第1版
印   次:2022年7月第6次印刷
定   价:39.80元

前　言

为了解决当前我国高素质技术技能型人才严重短缺的现实问题，我们根据教育部等国家部委组织实施的"职业院校制造业和现代服务业技能型紧缺人才培养培训工程"中有关数控技术应用专业领域技术技能型紧缺人才培养指导方案的精神，以及人力资源和社会保障部制定的数控车床操作工国家职业标准编写了本书。

全书坚持以就业为导向，将数控车床加工工艺（工艺路线确定、工具量具选择、切削用量设置等）和程序编制等专业技术能力融合到实训操作中，充分体现了"教、学、做合一"的职教办学特色，教学内容的选取围绕课程主线进行，体现"宽、浅、用、新"的原则，并结合数控车床操作工职业资格考核鉴定标准进行实训操作的强化训练，注重提高学生的实践能力和岗位就业竞争力。

本书与《FANUC 系统数控铣床编程与加工》为姊妹篇，突出技术的先进性、实例的代表性、理论的系统性和实践的可操作性，力求做到理论与实践的最佳结合。

本书主要的特点是：

1. 本书内容是按照培养适应经济社会发展需要的技能型特别是高素质技术技能型人才安排的，针对不同层次的学生安排不同的教学内容。

2. 本书采用理论与实践相结合，突出理论指导实践、实践检验理论的原则，教材更注重通用性及可操作性。

3. 实践操作内容根据数控车床操作工国家职业标准编写，程序内容均经过上机调试检验，程序均是通过数据线从机床中传输出来，真实可靠。

4. 以数控大赛命题作为本书参考方向，课题具有前瞻性，书中重要知识点一般情况下都安排举一反三，加强对知识点的掌握。

5. 书中每章的开始都列有学习目标、教学导读和教学建议，可方便教师教学及学生自学。每章结束都配有思考与练习题，加强对本章内容的理解。

本书参编人员由具有丰富数控生产、数控培训、数控教学经验的双师型教师组成，理论与实践教学功底扎实。许云飞为主编，负责全书的统稿和定稿；李宏为主审，负责全书的审稿工作；高洪武、李兵、张欢、余丽、叶伟生、殷红梅参与了本书的编写。其中第 1章、第 2 章、第 3 章、第 4 章、第 6 章的 6.1 节到 6.2 节由许云飞编写；第 5 章的 5.1 节到 5.3节由张欢编写；第 5 章的 5.4 节到 5.6 节由李兵编写；第 6 章的 6.3 节由余丽编写；第 7 章由高洪武与叶伟生共同编写；殷红梅负责全书的思考与练习题编写、程序上机检验及文字核对工作。

本书是在总结作者多年教学经验和国家骨干高职院校建设中课程教学改革成果基础上编写而成的。编写过程中，参照了部分同行的书籍，得到了单位领导的关心和大力支持，编者在此一并表示感谢。

由于作者水平有限，本书编写时虽力争严谨完善，但疏漏欠妥之处在所难免，恳请读者给予批评指正，以便进一步修改。编者邮箱地址：jssky@139.com。

编　者

2013 年 8 月

目　　录

第 1 章　数控车床认知及其维护与保养

📖 学习目标

❖ 了解数控车床的概念、数控车床的几种分类方法。
❖ 了解数控车床的组成及各种数控系统的介绍。
❖ 掌握 FANUC 系统面板功能，并熟练掌握其基本操作。
❖ 掌握数控车床保养方法、安全操作规程、故障的常规处理方法。

📖 教学导读

数控车床是在普通车床的基础上发展起来的，两者的加工工艺基本相同，结构也有些相似，但数控车床是靠程序控制的自动加工机床，所以其结构也与普通车床有很大区别。

数控车床一般由数控系统、主传动系统、进给伺服系统、冷却润滑系统等几大部分组成。数控车床主要用于加工轴类、盘类等回转体零件。通过数控加工程序的运行，可自动控制完成内外圆柱面、圆锥面、成形表面、螺纹和端面等工序的切削加工，并能进行车槽、钻孔、扩孔、铰孔等工作，还能加工一些复杂的回转面，如双曲面、抛物面等。

数控车床是目前使用最广泛的数控机床之一，是目前国内使用量最大、覆盖面最广的一种数控机床，约占数控机床总数的 25%。

本章节首先介绍了数控车床的定义、型号标记，重点从按车床主轴配置形式、车床功能方面讲述了数控车床的分类。通过观察数控车床图片提高读者学习数控的兴趣；通过了解数控车床的面板功能进行相应的操作。最后着重介绍了数控车床的保养及机床故障的常规处理方法。下面 3 个图为本章节所涉及的重点内容的插图。

（a）认识数控车床

（b）数控车床面板

（c）数控车床操作

📖 教学建议

（1）在教学开始时，建议介绍数控技术在当前生产中的重要作用，由此激发学生对数控理论与操作学习的兴趣。

（2）介绍数控车床时，建议到数控车间进行现场教学，体现理实一体化教学优势。

（3）由于现在的数控系统较多，即使同一系统，操作面板也有所不同，所以在教学中可根据本学校所使用的系统来介绍机床面板功能。

（4）学生在初次练习数控车床操作时，一定要注意安全，否则一旦出现安全事故，就容易产生恐惧心理，对以后的教学极为不利。

（5）一定要强调数控车床维护与保养的重要性，否则数控设备的生命周期就会大打折扣。

（6）可以适当地讲解一下数控车床故障的常规处理方法。

1.1 认识数控车床

1.1.1 数控车床概述

数控车床又称为 CNC 车床，即计算机数字控制车床，是目前使用最广泛的数控机床之一，是目前国内使用量最大、覆盖面最广的一种数控机床，约占数控机床总数的 25%。数控机床是集机械、电气、液压、气动、微电子和信息等多项技术为一体的机电一体化产品，是机械制造设备中具有高精度、高效率、高自动化和高柔性化等优点的工作母机。数控机床的技术水平高低及其在金属切削加工机床产量和总拥有量的百分比是衡量一个国家国民经济发展和工业制造整体水平的重要标志之一。

数控车床主要用于加工轴类、盘类等回转体零件。通过数控加工程序的运行，可自动控制完成内外圆柱面、圆锥面、成形表面、螺纹和端面等工序的切削加工，并能进行车槽、钻孔、扩孔、铰孔等工作，还能加工一些复杂的回转面，如双曲面、抛物面等。

1.1.2 数控车床的型号标记

数控车床采用与普通车床相类似的型号表示方法，由字母及一组数字组成。

（1）数控车床 CKA6140 各个代号含义说明。

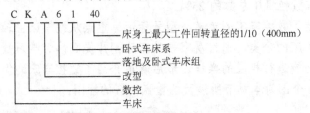

（2）数控车床 CJK6140A 各个代号含义说明。

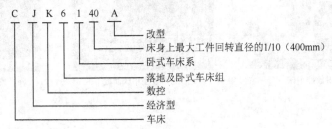

1.1.3 数控车床的分类

数控车床按不同方式分有不同的种类。现按车床主轴配置形式、车床功能分别介绍数控车床的分类。

1. 按车床主轴配置形式分类

按车床主轴配置形式分，数控车床可分为卧式和立式两大类。

1）立式数控车床

立式数控车床简称为数控立车，其车床主轴垂直于水平面，一个直径很大的圆形工作台用于装夹工件。这类机床主要用于加工径向尺寸大、轴向尺寸相对较小的大型复杂零件。如图 1-1 所示为 VL-1200 型立式数控车床的外形。

图 1-1　VL-1200 型立式数控车床

2）卧式数控车床

卧式数控车床的主轴线处于水平位置，生产中使用较多，常用于加工径向尺寸较小的轴类、盘类、套类等复杂零件。它的导轨有水平导轨和倾斜导轨两种。其中水平导轨结构用于普通数控车床和经济型数控车床。如图 1-2 所示为 CK6163 型水平导轨式卧式数控车床的外形。

倾斜式导轨结构可以使车床具有更大的刚性，并易于排除切屑，主要用于档次较高的数控车床及车削加工为主并辅以铣削加工的数控车削中心。如图 1-3 所示为 DL-25M 型倾斜导轨式卧式数控车床的外形。

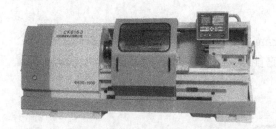

图 1-2　CK6163 型水平导轨式卧式数控车床

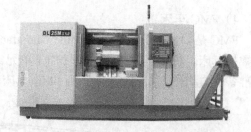

图 1-3　DL-25M 型倾斜导轨式卧式数控车床

2. 按数控车床的功能分类

1）经济型数控车床

经济型数控车床一般采用步进电动机和单片机对普通车床的进给系统进行改造后形成的简易型数控车床。成本较低，但自动化程度和功能都比较差，车削加工精度也不高，适用于要求不高的回转类零件的车削加工。

2）普通数控车床

普通数控车床是根据车削加工要求，在结构上进行专门设计并配备通用数控系统而形成的数控车床。数控系统功能强，自动化程度和加工精度也比较高，适用于一般回转类零件的车削加工。

这种数控车床可同时控制两个坐标轴，即 X 轴和 Z 轴。

3）车削加工中心

车削加工中心是在普通数控车床的基础上，增加了 C 轴和动力头，更高级的数控车床带有刀库,可控制 X、Z 和 C 三个坐标轴,联动控制轴可以是（X、Z）、（X、C）或（Z、C）。

由于增加了 C 轴和铣削动力头,这种数控车床的加工功能大大增强,除了可以进行一般车削外,还可以进行径向和轴向铣削、曲面铣削、中心线不在零件回转中心的孔和径向孔的钻削等加工。

如图 1-4 所示为 GS-260 标准刀塔车削中心,可在一台机床中进行车、铣、钻及攻牙等复合加工功能,也可以对端面和圆柱面进行轮廓铣削,避免因工件在机床间移动产生的误差,并且节省加工时间及人力。

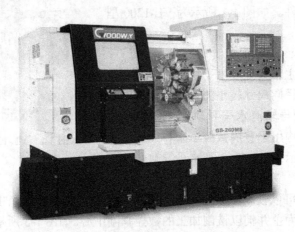

图 1-4　GS-260 标准刀塔车削中心

4）FMC 车床

FMC 是柔性制造单元（Flexible Manufacturing Cell）的简称,FMC 车床实际上是一个由数控车床、机器人等构成的柔性加工单元。它能实现工件搬运、装卸的自动化和加工调整准备的自动化。如图 1-5 所示为 FMC 车床。

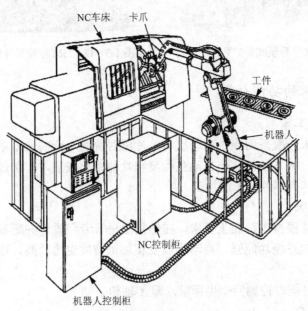

图 1-5　FMC 车床

3. 其他分类方法

数控车床除了上面介绍的两类常用的分类方法外，还有其他分类，简单列举如下。

（1）按刀架数量可以分为单刀架数控车床和双刀架数控车床。

（2）按加工零件的基本类型可以分为卡盘式数控车床和顶尖式数控车床。

（3）按数控系统可以分为 FANUC 数控系统、IEMENS 数控系统、华中数控系统等。

1.1.4 数控车床的组成

数控车床一般由输入输出设备、CNC 装置（或称 CNC 单元）、伺服单元、驱动装置（或称执行机构）、可编程控制器 PLC 及电气控制装置、辅助装置、机床本体及测量反馈装置组成。如图 1-6 是数控车床的组成框图。

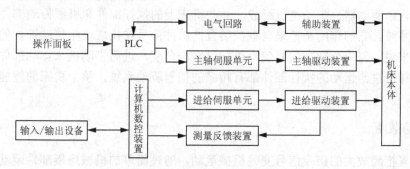

图 1-6　数控车床的组成框图

1. 机床本体

数控机床的机床本体与传统机床相似，由主轴传动装置、进给传动装置、床身、工作台，以及辅助运动装置、润滑系统、冷却装置等组成，如图 1-7 所示。但数控机床在整体布局、外观造型、传动系统、刀具系统的结构，以及操作机构等方面都已发生了很大的变化，这种变化的目的是为了满足数控机床的要求和充分发挥数控机床的特点。

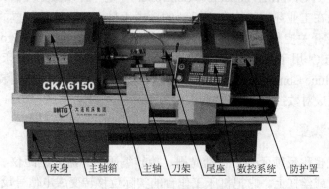

图 1-7　数控车床的组成

2. CNC 单元

CNC 单元是数控机床的核心，由信息的输入、处理和输出三部分组成。CNC 单元接受数字化信息，经过数控装置的控制软件和逻辑电路进行译码、插补、逻辑处理后，将各种指令信息输出给伺服系统，伺服系统驱动执行部件做进给运动。

3. 输入/输出设备

输入装置将各种加工信息传递于计算机的外部设备。在数控机床产生初期，输入装置为穿孔纸带，现已淘汰，后发展为盒式磁带，再发展为键盘、磁盘等便携式硬件，极大方便了信息输入工作，现通用 DNC 网络通信串行通信的方式输入。

输出是指输出内部工作参数（含机床正常、理想工作状态下的原始参数，故障诊断参数等），一般在机床刚工作状态下需输出这些参数作记录保存，待工作一段时间后，再将输出与原始资料作比较、对照，可帮助判断机床工作是否维持正常。

4. 伺服单元

伺服单元由驱动器、驱动电机组成，并与机床上的执行部件和机械传动部件组成数控机床的进给系统。它的作用是把来自数控装置的脉冲信号转换成机床移动部件的运动。对于步进电机来说，每一个脉冲信号使电机转过一个角度，进而带动机床移动部件移动一个微小距离。每个进给运动的执行部件都有相应的伺服驱动系统，整个机床的性能主要取决于伺服系统。

5. 驱动装置

驱动装置把经放大的指令信号变为机械运动，通过简单的机械连接部件驱动机床，使工作台精确定位或按规定的轨迹做严格的相对运动，最后加工出图纸所要求的零件。和伺服单元相对应，驱动装置有步进电机、直流伺服电机和交流伺服电机等。伺服单元和驱动装置可合称为伺服驱动系统，它是机床工作的动力装置，CNC 装置的指令要靠伺服驱动系统付诸实施。所以，伺服驱动系统是数控机床的重要组成部分。

6. 可编程控制器

可编程控制器（PC，Programmable Controller）是一种以微处理器为基础的通用型自动控制装置，专为在工业环境下应用而设计的。由于最初研制这种装置的目的是为了解决生产设备的逻辑及开关控制，故把它称为可编程逻辑控制器（PLC，Programmable Logic Controller）。当 PLC 用于控制机床顺序动作时，也可称之为编程机床控制器（PMC，Programmable Machine Controller）。PLC 已成为数控机床不可缺少的控制装置。CNC 和 PLC 协调配合，共同完成对数控机床的控制。

7. 测量反馈装置

测量反馈装置也称反馈元件，包括光栅、旋转编码器、激光测距仪、磁栅等。通常安装在机床的工作台或丝杠上。它把机床工作台的实际位移转变成电信号反馈给 CNC 装置，供 CNC 装置与指令值比较产生误差信号，以控制机床向消除该误差的方向移动。

1.1.5 数控系统介绍

我国的数控系统虽取得了较大发展，但是高档数控机床配套的数控系统 90%以上的都是国外产品，特别是对于国防工业急需的高档数控机床。高档数控系统是决定机床装备的性能、功能、可靠性和成本的关键因素，而国外对我国至今仍进行封锁限制，成为制约我国高档数控机床发展的瓶颈。下面将介绍工厂及学校里常用的数控系统。

1. SIEMENS 数控系统

SIEMENS 数控系统由德国的西门子公司开发研制，该系统在我国的数控机床中的应用相当普遍。目前，在我国市场上，常用的 SIEMENS 数控系统有 SIEMENS 840D/C、SIEMENS 810T/M、802D/C/S 等型号。以上型号除 802S 系统采用步进电机驱动外，其他型号系统则采用伺服电机驱动。

最新的数控系统 SINUMERIK 840D Sl 具有模块化、开放、灵活而又统一的结构，为使用者提供了最佳的可视化界面和操作编程体验，以及最优的网络集成功能。常用的 SIEMENS 802C 数控车床操作系统界面如图 1-8 所示。

2. FANUC 数控系统

FANUC 数控系统由日本的富士通公司研制开发，该数控系统在我国得到了广泛的应用。目前，在我国市场上，常用的 FANUC 数控系统主要有 FANUC 18iT、FANUC 0iT、FANUC 0TD 等。

目前，像 FANUC30i/31i/32i/35i-B 系列属于 FANUC 最先进的 CNC 系统，灵活地应用于各种先进的多轴类机床。常用的 FANUC 0i Mate-TC 数控车床操作系统界面如图 1-9 所示。

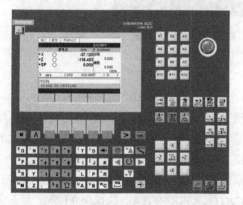 

图 1-8　SIEMENS 802C 系统数控车床操作面板图　　图 1-9　FANUC 0i Mate-TC 系统数控车床操作面板图

3. 武汉华中数控系统

武汉华中数控系统是我国为数不多的具有自主版权的高性能数控系统之一，是全国数控技能大赛指定使用的数控系统。

它以通用的工业 PC（IPC）和 DOS、WINDOWS 操作系统为基础，采用开放式的体系结构，使华中数控系统的可靠性和质量得到了保证。它适合多坐标（2～5）数控镗铣床和加工中心，在增加相应的软件模块后，也能适应于其他类型的数控机床（如数控磨床、数控车床等），以及特种加工机床（如激光加工机、线切割机等）。

目前，华中 8 型全数字总线式高档数控系统采用先进的开放式体系结构，内置嵌入式工业 PC，配置 7 寸彩色液晶显示屏和通用工程面板，集成进给轴接口、主轴接口、手持单元、内嵌式 PLC 接口于一体，采用电子盘程序存储方式，以及内置 CF 卡程序交换功能，具有低价格、高性能、结构紧凑、易于使用、可靠性高等特点。主要应用于各类数控车床、车削中心的控制。

常用的华中世纪星 HNC-21T 数控车床操作系统界面如图 1-10 所示。

图 1-10　华中世纪星 HNC-21T 数控车床操作面板图

4．其他数控系统

1）国产系统

自 20 世纪 80 年代初期开始，我国数控系统的生产与研制得到了飞速的发展，并逐步形成了以航天数控集团、机电集团、华中数控、蓝天数控等以生产普及型数控系统为主的国有企业，以及北京—法那科、西门子数控（南京）有限公司等合资企业的基本力量。

目前，常用于数控车床的国产数控系统有北京凯恩帝数控系统 KND1TB、KND100T、KND1000T 等；广州数控系统 GSK928TA、GSK928TC、GSK980TA、GSK980d 等；大连大森系统 DASEN3i 等；南京华兴系统 WA31DT、WA310T、WA320iT 等。

2）国外系统

除了上述几大类数控系统外，国内使用较多的数控系统还有日本三菱数控系统 EZMotion-NC 60T、EZMotion-NC E68T 等；西班牙的法格数控系统 FAGOR 8055T 等；美国哈斯数控系统、法国施耐德数控系统等。

1.2　数控车床系统面板功能介绍

数控机床的生产厂家众多，即使同一系统的数控机床操作面板也各不相同，但由于同一系统的系统功能相同，所以操作方法基本相似。

现以沈阳机床厂生产的 CAK3675V 为例，说明面板上各按钮的功能。该机床以 FANUC

0i Mate-TC 作为数控系统，如图 1-9 所示。

为了便于读者阅读，本书中将面板上的按钮分成以下三组。

（1）机床控制面板按钮。这类按钮（旋钮、按键）为机床厂家自定义的功能键，位于面板总图下方。本书用加" "的字母或文字表示，如"电源开"、"JOG"等。

（2）MDI 按键功能。这类按钮位于显示屏幕右侧，只要系统型号相同，其功能键的含义及位置也相同。本书中用加"▢"的字母或文字表示，如 PROG 、EDIT 等。

（3）CRT 屏幕下的软键。这一类的软键在本书中用加"[ ]"的字母或文字表示，如[参数]、[总合]等。

1.2.1　机床控制面板按钮及其功能介绍

1. 电源开关

电源开关一般分为主电源开关和系统电源开关。机床主电源开关一般位于机床的背面，系统电源开关一般位于控制面板的下方。机床使用时，首先必须将主电源开关扳到开的位置，然后才能开启数控系统电源开关。机床不用时，操作顺序正好相反，即先关闭数控系统电源开关，然后才将主电源开关扳到关的位置。

1）开机

① 机床电源开。将主电源开关扳到"ON"的位置，给机床通电。

② 数控系统电源开。按下控制面板上的"POWER　ON"按钮（▢），向机床 CNC 部分供电。

2）关机

① 数控系统电源关。按下控制面板上的"POWER OFF"按钮（█），切断向机床 CNC 部分的供电。

② 机床电源关。将主电源开关扳到"OFF"的位置，关闭机床电源。

2. 紧急停止按钮及机床指示灯

1）紧急停止按钮

当出现紧急情况时，按下急停按钮（如图 1-11 所示），机床及 CNC 装置立即处于急停状态，此时在屏幕上出现"EMG"字样，机床报警指示灯亮。

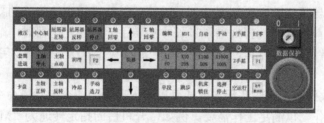

图 1-11　数控机床操作面板

要消除急停状态，一般情况下可顺时针转动急停按钮，使按钮向上弹起，并按下复位键 RESET 即可。

2）机床指示灯

在机床的操作过程中，出现运行情况的信号指示时，该指示灯变亮；也有的会出现报警指示，报警消除后该灯即熄灭，如图 1-11 所示。

3．模式选择按钮

常用的模式选择按钮（如图 1-11 所示）共有 6 个，即回零、X 或 Z 手摇、手动、自动、MDI、编辑，用以选择机床操作的模式。这类按钮均为单选按钮，即只能选择其中的一个。

现在对面板上模式选择按钮逐一加以说明。

1）回零

在回零状态下，可以执行回零点动作。当回零点指令执行完成后，对应 X 回零或 Z 回零的指示灯变亮。

2）手动

手动连续进给有两种形式：手动切削连续进给和手动快速连续进给。

要实现手动切削连续进给，进给速度可以通过进给速度倍率旋钮（如图 1-12 所示）进行调节，调节范围为 0～120%。另外，对于自动执行的程序中指定的速度 F，也可以用进给速度倍率旋钮进行调节。

若实现手动快速连续进给，则需同时按下方向选择按钮和方向选择按钮中间的"快移"按钮，即可实现该轴的自动快速进给。快速进给速率由系统参数确定，也有一些机床具有 F0、25%、50%、100%四种运动速度选择。

3）手摇

手摇即手轮进给操作，在手轮进给方式中，可以通过旋转机床上的手摇脉冲发生器（如图 1-13 所示）使刀具进行增量移动。

图 1-12　进给速度倍率旋钮

图 1-13　手摇脉冲发生器

手摇脉冲发生器每旋转一个刻度，刀具的移动量与增量进给的移动量相仿，因此在摇动手摇脉冲发生器前同样要选择好增量步长。旋转手摇脉冲发生器时，顺时针方向为刀具正方向进给，逆时针方向为刀具负方向进给。控制面板上有 X 手摇和 Z 手摇两种模式。

4）MDI

MDI 即手动数据输入，在此状态下，可以输入单一的命令或几段命令并立即按下循环启动按钮使机床动作，以满足工作需要。例如，开机后的指定转速为"M03　S1000；"。

5）编辑

按下编辑按钮，可以对存储在内存中的程序数据进行编辑操作。

6）自动

按下自动按钮后，可自动执行程序。在这种模式下，数控机床又有 6 种不同的运行形式，具体见表 1-1。

表 1-1 自动模式下的运行形式

按钮名称	英文标记	含义	按钮按下时的功能
单段	SINGLE BLOCK	单段运行	每按下一次循环启动按钮，机床将执行一段操作后暂停。再次按下循环启动，则机床再执行一段程序后暂停。采用此种方法可进行程序及操作检查
跳步	BLOCK SKIP	程序段跳段	程序段前加"/"符号的将被跳过执行
机床锁住	MACHINE LOCK	机床锁住	在自动运行过程中，刀具的移动功能将被限制执行，但系统显示程序运行时刀具的位置坐标，因此该功能主要用于检查程序是否编制正确
选择停止	OPTION STOP	选择停止	在自动执行的程序中出现"M01；"程序段时，此时程序将停止执行。再次按下循环启动后，系统将继续执行"M01；"以后的程序
空运行	DRY RUN	空运行	在自动运行过程中刀具按参数指定的速度快速运行，该功能主要用于检查刀具的运行轨迹是否正确
程序重启动	PROGRAM RESTART	程序重启	程序将重新从程序开始处启动

4. 循环启动

（1）循环启动。在自动运行状态下，按下循环启动按钮（图 1-14 中左侧按钮），机床自动运行程序。

（2）进给保持。在机床循环启动状态下，按下进给保持按钮（图 1-14 中右侧按钮），程序运行及刀具运动将处于暂停状态，其他功能如主轴转速、冷却等保持不变。再次按下循环启动按钮，机床重新进入自动运行状态。

5. 主轴功能

（1）主轴正转。在"手动"模式下，按下主轴正转按钮（图 1-15 中左下角按钮），主轴将顺时针转动。

（2）主轴反转。在"手动"模式下，按下主轴反转按钮（图 1-15 中右下角按钮），主轴将逆时针转动。

（3）主轴停转。在"手动"模式下，按下主轴停转按钮（图 1-15 中左上角按钮），主轴将停止转动。

图 1-14 循环启动按钮

图 1-15 主轴功能

（4）主轴倍率调整旋钮。在主轴旋转过程中，可以通过主轴倍率调整旋钮（如图 1-16 所示）对主轴转速进行 50%～120%的无级调速。同样，在程序执行过程中，也可对程序中指定的转速进行调节。

6. 数据保护

当数据保护旋钮（如图 1-17 所示）处于"1"位置时，即使在"编辑"状态下也不能对 NC 程序进行编辑操作。只有当数据保护旋钮处于"0"位置，并在"编辑"状态下，才能对 NC 程序进行编辑操作。

图 1-16　主轴倍率调整旋钮

图 1-17　程序保护旋钮

1.2.2　MDI 按键及其功能介绍

各 MDI 按键及其功能说明见表 1-2。

表 1-2　MDI 按键功能

按　钮　图	按　　键	功　　能
7 8 9 / 4 5 6 / 1 2 3 / - . 0	数字键	数字的输入，如 0、1、2、3、4、5、6、7、8、9 等
	运算键	与上档 SHIFT 键配合，用于数字运算符的输入，如输入"＋"、"－"、"×"、"／"、"＝"
O N G / X Y Z / M S T / F H EOB	字母键	字母的输入
EOB	EOB	段结束符的插入即回撤换行键。结束一行程序的输入并且换行
POS	POS	位置显示页面。位置显示有三种方式，用 PAGE 按钮选择
PROG	PROG	在"编辑"方式下编辑、显示存储器里的程序；在 MDI 方式下输入及显示 MDI 数据；在"AUTO"方式下显示程序指令值
OFFSET SETTING	OFFSET SETTING	设定、显示刀具补偿值、工件坐标系和宏程序变量
SYSTEM	SYSTEM	用于参数的设定、显示，以及自诊断功能数据的显示
MESSAGE	MESSAGE	NC 报警信号显示，报警记录显示
CUSTOM GRAPH	GRAPH	用于图形显示
SHIFT	SHIFT	上挡功能键
CAN	CAN	删除键，用于删除最后一个输入的字符或符号
INPUT	INPUT	输入键，用于参数或补偿值的输入
ALTER	ALTER	替代键，程序字的替代
INSERT	INSERT	插入键，把输入域中的数据插入到当前光标之后的位置

续表

按　钮　图	按　　键	功　　能
DELETE	DELETE	删除键，删除光标所在的数据；删除一个或全部数控程序
HELP	HELP	帮助键
PAGE↑	PAGE UP	翻页键，向前翻页
PAGE↓	PAGE DOWN	翻页键，向后翻页
↑	光标移动键	光标向上移动
↓	光标移动键	光标向下移动
←	光标移动键	光标向左移动
→	光标移动键	光标向右移动
RESET	RESET	复位键，按下此键，复位 CNC 系统。包括取消报警、主轴故障复位、中途退出自动操作循环和中途退出输入、输出过程等

1.2.3　CRT 显示器下的软键功能

在 CRT 显示器下，有一排软按键，其功能根据 CRT 中对应的提示来指定。这里不做介绍。

1.3　数控车床操作

1.3.1　机床开、关电源与回参考点操作

1. 机床开电源

机床开电源操作流程如下所示。

（1）检查 CNC 和机床外观是否正常。

（2）接通机床电气柜电源，按下系统电源绿色按钮▢。

（3）检查 CRT 画面显示资料。

（4）如果 CRT 画面显示"EMG"报警画面，松开"急停"按钮⬤，然后按下 MDI 面板上的复位键 RESET 数秒后机床将复位。开电源后屏幕显示画面如图 1-18 所示。

（5）检查风扇电动机是否旋转。

（6）数控系统正常。

2. 机床电源关

（1）检查操作面板上的循环启动灯是否关闭。

（2）检查 CNC 机床的移动部件是否都已经停止。

（3）若有外部输入/输出设备接到机床上，则先关闭外部设备的电源。

（4）按下"急停"按钮⬤，再按下系统电源的红色按钮▮，然后再关机床电源，与打开电源流程相反。

3. 回零点操作

机床回零点操作流程如下所示。

（1）模式按钮选择"回零"。

（2）分别选择回零点的轴（"Z"或"X"），选择快速移动倍率（"F0"、"F25"、"F50"、"F100"）中的任意一个。

（3）相应轴返回零点后，对应轴的回零点指示灯点亮。虽然数控车床可两个轴同时回零，但为了确保在回零过程中刀具与机床的安全，数控车床的回零一般先进行 X 轴的回零，再进行 Z 轴的回零。FANUC 系统的回零一般为按"+"方向键回零，若按"−"方向键，则机床不会动作。回零后屏幕显示画面如图 1-19 所示。

图 1-18　开电源后屏幕显示画面　　　　图 1-19　返回参考点后屏幕显示画面

机床回零时，刀具离零点不能太近，否则回零过程中会出现超程报警。

1.3.2　手摇进给操作和手动进给操作

1. 在 MDI 方式下开动转速

（1）模式按钮选择"MDI"，按下 MDI，再按下功能按钮 PROG 键。

（2）在 MDI 面板上输入：M03 S1000，按下 EOB 键（含义后叙），再按下 INSERT 键。

（3）按下循环启动按钮"循环启动"。要使主轴停转，可按下 RESET 键。

进行上述操作后，在手动或手摇模式下，即可按下按钮"主轴正转"使主轴正转。

2. 手摇进给操作

手摇操作的坐标显示画面如图 1-20 所示，该显示画面中有 3 个坐标系，分别是机械坐标系（即前面所述的机床坐标系）、绝对坐标系（显示刀具在工件坐标系中的绝对值）和相对坐标系。手摇操作的流程如下所示。

（1）模式按钮选择"X 手摇"或"Z 手摇"。

（2）选择 F0、25%、50%、100%。

（3）旋转手摇脉冲发生器向相应的方向移动刀具。

3. 手动慢速进给

模式按钮选择"手动",其余动作类似于手摇进给操作,操作步骤略。手动操作的坐标显示画面如图 1-21 所示。

图 1-20 手摇操作的坐标显示画面

图 1-21 手动操作的坐标显示画面

4. 手动快速进给

在手动快速进给过程中,若在按下方向键("+"或"−")后的同时按下方向键中间的"快移"键时,即可使刀具沿指定方向快速移动。

5. 超程解除

在手摇或手动进给过程中,由于进给方向错误,常会发生超行程报警现象,解除过程如下所示。

（1）模式按钮选择"手动"。

（2）向超程的反方向进给刀具,退出超行程位置,再按下 MDI 面板上的复位键 $\boxed{RESET}$ 数秒后机床即可恢复正常。

手动进给操作时,进给方向一定不能搞错,这是数控机床操作的基本功。

1.3.3 手动或手摇对刀操作

1. X 轴的对刀操作

（1）工件试切削外圆后测出当前外圆尺寸。

（2）按下 MDI 功能键 $\boxed{\text{OFFSET SETTING}}$。

（3）按下屏幕下的软键[补正]→[形状],显示刀具参数,出现如图 1-22 所示的显示画面。

（4）移动光标到指定的刀补号,输入前面测量出的 X 值（假设是 50）,注意一定要输入地址 X,按下[测量]软键后自动计算出 X 向刀补值。

2. Z 轴的对刀操作

试切端面后输入"Z0",按下[测量]软键后自动计算出 Z 向刀补值,如图 1-23 所示。

图1-22 X轴对刀操作的坐标显示画面　　　　图1-23 Z轴对刀操作的坐标显示画面

1.3.4 程序、程序段和程序字的输入与编辑

1. 程序编辑操作

1）建立一个新程序

建立新程序的流程如下所示。

（1）模式按钮选择"编辑"。

（2）按下MDI功能键 PROG 。

（3）输入地址O，输入程序号（如"O0123"），按下 EOB 键。

（4）按下 INSERT 键即可完成新程序"O0123"的插入。

建立新程序后的显示画面如图1-24所示。

注意：建立新程序时，要注意建立的程序号应为内存储器没有的新程序号。

2）调用内存中储存的程序

（1）模式按钮选择"编辑"。

（2）按下MDI功能键 PROG ，输入地址O，然后输入要调用的程序号，如"O0123"。

（3）按下光标向下移动键即可完成程序"O0123"的调用（如图1-25所示）。

图1-24 建立新程序"O0123"　　　　　图1-25 调用内存中程序"O0123"

注意：程序调用时，一定要调用内存储器中已存在的程序。

3）删除程序

（1）模式按钮选择"编辑"。

（2）按下 MDI 功能键 PROG，输入地址 O，然后输入要删除的程序号，如"O0123"。

（3）按下 DELETE 键即可完成单个程序"O0123"的删除。

如果要删除内存储器中的所有程序，只要在输入"O－9999"后按下 DELETE 键即可删除内存储器中的所有程序。如果要删除指定范围内的程序，只要在输入"OAAAA，OBBBB"后按下 DELETE 键即可将内存储器中"OAAAA～OBBBB"范围内的所有程序删除。

2．程序段操作

1）删除程序段

① 模式按钮选择"编辑"。

② 用光标移动键检索或扫描到将要删除的程序段地址 N，按下 EOB 键。

③ 按下 DELETE 键，将当前光标所在的程序段删除。

如果要删除多个程序段，则用光标移动键检索或扫描到将要删除的程序段开始地址 N（如 N0010），输入地址 N 和最后一个程序段号（如 N1000），按下 DELETE 键，即可将 N0010～N1000 的所有程序段删除。

2）程序段的检索

程序段的检索功能主要使用在自动运行过程中。检索过程如下所示。

（1）模式按钮选择"AUTO"。

（2）按下 MDI 功能键 PROG，显示程序屏幕，输入地址 N 及要检索的程序段号，按下屏幕软键[N 检索]即可检索到需要的程序段。

3．程序字操作

1）扫描程序字

模式按钮选择"编辑"，按下光标向左或向右移键，光标将在屏幕上向左或向右移动一个地址字。按下光标向上或向下移动键，光标将移动到上一个或下一个程序段的开头。按下 PAGE UP 键或 PAGE DOWN 键，光标将向前或向后翻页显示。

2）跳到程序开头

在"编辑"模式下，按下 RESET 键即可使光标跳到程序开头。

3）插入一个程序字

在"编辑"模式下，扫描要插入位置前的字，输入要插入的地址字和数据，按下 INSERT 键。

4）字的替换

在"编辑"模式下，扫描到将要替换的字，输入要替换的地址字和数据，按下 ALTER 键。

5）字的删除

在"编辑"模式下，扫描到将要删除的字，按下 DELETE 键。

6）输入过程中字的取消

在程序字符的输入过程中，若发现当前字符输入错误，则按下 CAN 键，即可删除当前输入的字符。程序、程序段和程序字的输入与编辑过程中出现的报警，可通过按 MDI 功能键 RESET 来消除。

1.3.5 数控程序的校验

1. 机床锁住校验

机床锁住校验操作步骤如下所示。

（1）按下 PROG 键，调用刚才输入的程序 O0010。

（2）模式按钮选择"自动"，按下机床锁住按钮"机床锁住"。

（3）按下软键[检视]，使屏幕显示正在执行的程序及坐标。

（4）按下单步运行按钮"单步"，进行机床锁住检查。

注意：在机床校验过程中，采用单步运行模式而非自动运行较为合适。

2. 机床空运行校验

机床空运行校验的操作流程与机床锁住校验流程相似，不同之处在于将流程中按下"机床锁住"按钮换成"空运行"按钮。

注意：机床空运行校验轨迹与自动运行轨迹完全相同，而且刀具均以快速运行速度运行。因此，空运行前应将 G54 中设定的 Z 坐标远离工件一定距离后再进行空运行校验。

3. 采用图形显示功能校验

图形功能可以显示自动运行期间的刀具移动轨迹，操作者可通过观察屏幕显示出的轨迹来检查加工过程，显示的图形可以进行放大及复原。图形显示功能可以在自动运行、机床锁住和空运行等模式下使用，其操作过程如下所示。

（1）模式按钮选择"自动"。

（2）在 MDI 面板上按下 CUSTOM GRAPH 键，按下屏幕显示软键[参数]，显示如图 1-26 所示的画面。

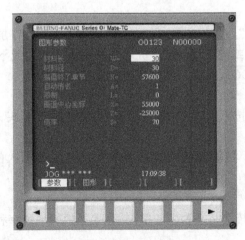

图 1-26 图形显示

（3）通过光标移动键将光标移动至所需设定参数处，输入数据后按下 INPUT 键。依次完成各项参数的设定。

（4）再次按下屏幕显示软键[图形]。

（5）按下"循环启动"按钮，机床开始移动，并在屏幕上绘出刀具的运动轨迹。

（6）在图形显示过程中，可进行放大及恢复图形的操作。

机床锁住校验过程中，如果出现程序格式错误，则机床将显示程序报警画面，并停止运行。因此，机床锁住主要校验程序格式的正确性。

机床空运行校验和图形显示校验主要用于校验程序轨迹的正确性。如果机床具有图形显示功能，则采用图形显示校验更加方便直观。

1.4 数控车床的安全操作规程及保养

1.4.1 安全操作规程

1. 安全操作基本注意事项

（1）工作时请穿好工作服、安全鞋，戴好工作帽及防护镜，不允许戴手套操作机床。
（2）注意不要移动或损坏安装在机床上的警告标牌。
（3）注意不要在机床周围放置障碍物，工作空间应足够大。
（4）某一项工作若需要俩人或多人共同完成时，应注意相互间的协调一致。
（5）不允许采用压缩空气清洗机床、电气柜及 NC 单元。

2. 工作前的准备工作

（1）机床工作前要有预热，认真检查润滑系统工作是否正常，若机床长时间未开动，可先采用手动方式向各部分供油润滑。
（2）使用的刀具应与机床允许的规格相符，有严重破损的刀具要及时更换。
（3）调整刀具所用的工具不要遗忘在机床内。
（4）大尺寸轴类零件的中心孔是否合适，中心孔若太小，工作中易发生危险。
（5）刀具安装好后应进行一、二次试切削。
（6）检查卡盘夹紧工作的状态。
（7）机床开动前，必须关好机床防护门。

3. 工作过程中的安全注意事项

（1）禁止用手接触刀尖和铁屑，铁屑必须要用铁钩子或毛刷来清理。
（2）禁止用手或其他任何方式接触正在旋转的主轴、工件或其他运动部位。
（3）禁止加工过程中量活、变速，更不能用棉丝擦拭工件，也不能清扫机床。
（4）车床运转中，操作者不得离开岗位，机床发现异常现象应立即停车。
（5）经常检查轴承温度，过高时应找有关人员进行检查。
（6）在加工过程中，不允许打开机床防护门。
（7）严格遵守岗位责任制，机床由专人使用，他人使用须经本人同意。
（8）工件伸出车床 100mm 以外时，须在伸出位置设防护物。
（9）学生必须在操作步骤完全清楚时进行操作，遇到问题立即向教师询问，禁止在不知道规程的情况下进行尝试性操作，操作中如机床出现异常，必须立即向指导教师报告。
（10）手动原点回归时，注意机床各轴位置要距离原点-100mm 以上，机床原点回归顺序为：首先+X轴，其次+Z轴；

（11）使用手轮或快速移动方式移动各轴位置时，一定要看清机床 X、Z 轴各方向"＋、－"号标牌后再移动。移动时先慢转手轮观察机床移动方向无误后方可加快移动速度。

（12）学生编完程序或将程序输入机床后，须先进行图形模拟，准确无误后再进行机床试运行，并且刀具应离开工件端面 200 mm 以上。

（13）程序运行注意事项：

① 对刀应准确无误，刀具补偿号应与程序调用刀具号符合。

② 检查机床各功能按键的位置是否正确。

③ 光标要放在主程序头。

④ 加注适量冷却液。

⑤ 站立位置应合适，启动程序时，右手作按停止按钮准备，程序在运行时手不能离开停止按钮，如有紧急情况立即按下停止按钮。

（14）加工过程中认真观察切削及冷却状况，确保机床、刀具的正常运行及工件的质量，并关闭防护门以免铁屑、润滑油飞出。

（15）在程序运行中须暂停测量工件尺寸时，要待机床完全停止、主轴停转后方可进行测量，以免发生人身事故。

（16）关机时，要等主轴停转 3 分钟后方可关机。

（17）未经许可，禁止打开电器箱。

（18）各手动润滑点，必须按说明书要求润滑。

（19）修改程序的钥匙，在程序调整完后，要立即拔出，以免无意改动程序。

（20）机床若数天不使用，则每隔一天应对 NC 及 CRT 部分通电 2～3 小时。

4. 工作完成后的注意事项

（1）清除切屑、擦拭机床，使用机床与环境保持清洁状态。

（2）注意检查或更换磨损坏了的机床导轨上的油察板。

（3）检查润滑油、冷却液的状态，及时添加或更换。

（4）依次关掉机床操作面板上的电源和总电源。

1.4.2 数控车床保养方法

数控车床的保养方法如表 1-3 所示。

表 1-3 数控车床保养方法

日常保养内容和要求	定期保养的内容和要求	
	保养部位	内容和要求
一、外观保养	外观部分	清除各部件切屑、油垢，做到无死角，保持内外清洁，无锈蚀
1. 擦清机床表面，下班后，所有的加工面抹上机油防锈	液压及切削油箱	1. 清洗滤油器
2. 清除切屑（内、外）		2. 油管畅通、油窗明亮
		3. 液压站无油垢、灰尘
3. 检查机床内外有无碰、碰、拉伤现象		4. 切削液箱内加 5-10CC 防腐剂（夏天 10CC，其他季节 5-6CC）

续表

日常保养内容和要求	定期保养的内容和要求	
	保养部位	内容和要求
二、主轴部分	机床本体及清屑器	1. 卸下刀架尾座的挡屑板，清洗
1. 液压夹具运转情况		
2. 主轴运转情况		2. 扫清清屑器上的残余铁屑，每3~6个月（根据工作量大小）卸下清屑器，清扫机床内部
三、润滑部分		
1. 各润滑油箱的油量		
2. 各手动加油点按规定加油，并旋转滤油器		3. 扫清回转装刀架上的全部铁屑
	润滑部分	1. 各润滑油管要畅通无阻
四、尾座部分		2. 各润滑点加油，并检查油箱内有无沉淀物
1. 每周一次，移动尾座清理底面、导轨		3. 试验自动加油器的可靠性
2. 每周一次拿下顶尖清理		4. 每月用纱布擦拭读带机各部位，每半年对各运转点至少润滑一次
五、电气部分		
1. 检查三色灯、开关		
2. 检查操纵板各部分位置		5. 每周检查一下滤油器是否干净，若较脏，必须洗净，最长时间不能超过一个月
六、其他部分		
1. 液压系统无滴油发热	电气部分	1. 对电机碳刷每年要检查一次，（维修电工负责），如果不合要求者，应立即更换
2. 切削液系统工作正常		
3. 工件排列整齐		2. 热交换器每年至少检查清理一次
4. 清理机床周围达到清洁		3. 擦拭电器箱内外，清洁无油垢、无灰尘
5. 认真填写好交接班记录及其他记录		4. 各接触点良好，不漏电
		5. 各开关按钮灵敏可靠

1.4.3　机床故障的常规处理方法

一旦故障发生，通常按以下步骤进行。

1. 调查故障现场，充分掌握故障信息

（1）故障发生时，报警号和报警提示是什么，那些指示灯和发光管指示了什么报警。

（2）若无报警，系统处于何种工作状态，系统的工作方式诊断结果。

（3）故障发生在哪个程序段，执行何种指令，故障发生前进行了何种操作。

（4）故障发生在何种速度下，轴处于什么位置，与指令值的误差量有多大。

（5）以前是否发生过类似故障，现场有无异常现象，故障是否重复发生。

2. 分析故障原因，确定检查的方法和步骤

故障分析可采用归纳法和演绎法。

（1）归纳法是从故障原因出发摸索其功能联系，调查原因对结果的影响，即根据可能产生该种故障的原因分析，看其最后是否与故障现象相符来确定故障点。

（2）演绎法是从所发生的故障现象出发，对故障原因进行分割式的分析方法，即从故

障现象开始，根据故障机理，列出多种可能产生该故障的原因。然后，对这些原因逐点进行分析，排除不正确的原因，最后确定故障点。

分析故障原因时应注意以下几点。

（1）要在充分调查现场掌握第一手材料的基础上，把故障问题正确地列出来。俗话说，能够把问题说清楚，就已经解决了问题的一半。

（2）要思路开阔，无论是数控系统、强电部分，还是机、液、气等，只要将有可能引起故障的原因及每一种可能解决的方法全部列出来，进行综合、判断和筛选。

（3）在对故障进行深入分析的基础上，预测故障原因并拟定检查的内容、步骤和方法。

3．故障的检测和排除

在检测故障的过程中，应充分利用数控系统的自诊断功能，如系统的开机诊断、运行诊断；PLC 的监控功能；根据需要随时检测有关部分的工作状态和接口信息；同时还应灵活应用数控系统故障检查的一些行之有效的方法，如交换法、隔离法等。

另外，在检测排除故障中还应掌握以下若干原则。

（1）先外部后内部。

（2）先机械后电气。一般来讲，机械故障较易察觉，而数控系统故障的诊断则难度要大些。

（3）先静后动。维修人员本身要做到先静后动，不可盲目动手，应先询问车床操作人员故障发生的过程及状态，阅读车床说明书、图纸资料后，方可动手查找处理故障。

（4）先公用后专用。公用性的问题往往影响全局，而专用性的问题只影响局部。

（5）先简单后复杂。

（6）先一般后特殊。

思考与练习

1．数控车床的主要功能有哪些？数控车床按车床功能、主轴配置形式分类有哪些？

2．数控车床 CAK6140 各个代号含义是什么？

3．数控车床组成有哪些？数控机床本体由哪些部分组成？

4．数控车床安全操作规程有哪些内容？

5．试简要说明对刀操作的过程。

6．如何执行删除数控系统内存中所有程序的操作？

7．如何进行机床锁住校验和机床空运行校验？

8．将下面程序输入数控系统。

```
O0001;
N010 M03 S500 T0101;
N020 G00 X41 Z1;
N030 G72 W1 R1;
N040 G72 P50 Q80 U0.1 W0.2 F0.2;
N050 G00 X41 Z-31;
N060 G01 X20 Z-20 F0.05;
```

```
N070 Z-2;
N080 X14 Z1;
N090 G70 P50 Q80;
N100 M30
```

9. 如何进行机床回零点操作？开机后的回零点操作有何作用？

第2章 数控车床常用工具

📖 **学习目标**

❖ 了解数控车床对刀具的基本要求及各种数控车床刀具的材料。
❖ 了解数控车床刀具系统,掌握数控车床的夹具种类及各类夹具的选用。
❖ 掌握数控车床的刀具种类及使用方法,能针对不同工作场合熟练选用刀具进行实践与生产。
❖ 了解数控车床的常用量具,能熟练运用常用量具进行工件的检测。

📖 **教学导读**

为了保证数控车床的加工精度,提高生产率和降低刀具(片)的消耗,在设计和选用数控车床刀具时,除满足普通车床上所应具备的基本条件外,还要考虑到数控车床上刀具的特殊工作条件(如多把刀具连续性协调生产,所用刀具数量多,类型、材料、进给尺寸及采用的切削用量、切削时间和刀具耐用度都与普通车床差别很大)等多方面因素,如可靠的断屑、高的耐用度、快速调整与更换等。

工欲善其事,必先利其器。本章节通过介绍数控车床的刀具、夹具、量具,使读者对数控车床所涉及的工具有了初步的认识,通过进一步学习数控车床的刀具种类、刀具的材料、刀具的选用、夹具种类、量具种类及它们选用的原则,可以加强对数控车床工具的了解。下面3个图是本章节所涉及的重点内容的插图。

（a）数控刀具　　　　（b）数控夹具　　　　（c）三针法测量

📖 **教学建议**

(1)一定要让学生了解数控加工对刀具的要求,理解刀具几何参数,掌握数控车床刀具的选用原则。

(2)了解刀具材料对刀具性能的影响,熟悉可转位刀具常见类型,以及数控刀具系统的组成,学会刀具装配、调整。

(3)数控车床加工后的工件测量可以作为本章的教学重点,建议教师在教学过程中要着重训练学生这方面的能力,有条件的学校可以将工件放在三坐标测量机上进行测量,进一步提高测量精度,减少人为测量的误差。

(4)在数控车刀应用方面,建议教学时先用焊接式刀具,不提倡使用机夹式刀具,这样可以锻炼学生学习刀具的刃磨技术,为以后的工艺学习打好基础。

2.1　数控车床刀具概述

2.1.1　数控车床对刀具的基本要求

为了保证数控机床的加工精度，提高生产率和降低刀具（片）的消耗，在设计和选用数控机床刀具时，除满足普通机床上所应具备的基本条件外，还要考虑到数控机床上刀具的特殊工作条件（如多把刀具连续性协调生产，所用刀具数量多，类型、材料、进给尺寸及采用的切削用量、切削时间和刀具耐用度都与普通机床差别很大）等多方面因素，如可靠的断屑、高的耐用度、快速调整与更换等。

数控机床对刀具的基本要求如下所示。

（1）适应高速切削要求。高速度、大进给是数控加工的特点，为提高生产率和加工高硬度材料的能力，数控机床的刀具必须具有良好的切削性能。

（2）高的可靠性。刀具一定要稳定可靠，同一批刀具的切削性能不能差别较大。

（3）较高的尺寸耐用度。刀具在两次调整之间所能加工出合格零件的数量，称为刀具的尺寸耐用度。为了提高生产率，对于精加工刀具，高耐用度非常重要。

（4）高精度。为适应数控机床加工的高精度和自动换刀的要求，刀具及其装夹结构也必须有很高的精度，以保证它在机床上的安装精度和重复定位精度。

（5）可靠的断屑及排屑措施。

（6）刀具的调整、更换方便，快速而且精确。

（7）符合标准化、模块化、通用化及复合化。

（8）较高的耐热性。耐热性指刀具材料在高温下保持硬度、耐磨性和强度及韧性的性能，是衡量刀具材料切削性能的主要标志。

总之，数控机床上用的刀具应满足安装调整方便、刚性好、精度高、耐用度好等要求。

2.1.2　数控车床对刀座（夹）的要求

刀（刃）具很少直接装在数控车床的刀架上，它们之间一般用刀座（也称刀夹）做过渡。刀座的结构主要取决于刀体的形状、刀架的外形和刀架对主轴的配置方式这三个因素。

现在的刀座种类繁多，生产厂标准不统一，标准化程度很低。机夹刀体的标准化程度比较高，所以种类和规格并不太多，刀架对机床主轴的配置方式总共只有几种，唯有刀架的外形（主要是指与刀座的连接部分）形式太多。用户在选型时，应尽量减少种类、形式，以利管理。

2.1.3　数控车床刀具的材料

近代金属切削刀具材料从碳素工具钢、高速钢发展到今日的硬质合金、立方氮化硼等超硬刀具材料，使切削速度从每分钟几米飚升到千米乃至万米。随着数控机床和难加工材料的不断发展，刀具实有难以招架之势。要实现高速切削、干切削、硬切削必须有好的刀具材料。在影响金属切削发展的诸多因素中，刀具材料起着决定性作用。

1. 高速钢

高速钢自 1900 年面世至 2013 年，尽管各种超硬材料不断涌现，但始终未能动摇其切削刀具的霸主地位。2000 年以后，硬质合金已成为高速钢的"天敌"，正在持续不断地侵蚀着高速钢刀具的市场份额，但对于某些（如螺纹刀具、拉削刀具等）对韧性要求较高的刀具，高速钢仍可与硬质合金"分庭抗礼"，甚至占明显优势。人们习惯上将高速钢分为四大类。

1）通用高速钢（HSS）

以 W18Cr4V 为代表的 HSS 曾辉煌过一个世纪，为我国刀具行业做出过杰出的历史性贡献，但由于还存在不少弊端，现已逐步淡出市场；M2 钢的市场份额已由 20 世纪 90 年代的 60%～70%下降到目前的 20%～30%；9341 是我国自行研制的 HSS，市场份额占 20%左右，W7、M7 等其他 HSS 产量比较低。HSS 已占高速钢总量的 60%以上。由于 HSS 的强韧性和较高的耐磨性、红硬性等优异性能，在丝锥、拉刀等刀具领域，HSS 还会牢牢守住一块地盘，不过阵地在逐年减少。

2）高性能高速钢（HSS-E）

HSS-E 是指在 HSS 成分的基础上加入 Co、Al 等合金元素，并适当增加含碳量，以提高耐热性、耐磨性的钢种。这类钢的红硬性比较高，经 625℃×4h 后，硬度仍保持 60HRC 以上，刀具的耐用度为 HSS 刀具的 1.5～3 倍。

以 M35、M42 为代表的 HSS-E 产量在逐年增加。501 是我国自产的高性能高速钢，在成形铣刀、立铣刀等方面应用十分普遍，在复杂刀具方面应用也比较成功。由于数控机床、加工中心、高难加工材料发展迅速，HSS-E 刀具材料亦逐步增加。

3）粉末高速钢（HSS-PM）

和冶炼高速钢相比，HSS-PM 的力学性能有显著的提高。在硬度相同的条件下，后者的强度比前者高 20%～30%，韧性提高 1.5～2 倍，在国外应用十分普遍。我国在 20 世纪 70 年代曾研制出多种牌号的 HSS-PM，并投入市场，但不知何故夭折，现在各工具厂所用材料均系进口。值得欣喜的是，河冶科技股份有限公司（原河北冶金研究院）已能生产 HSS-PM，并小批量供货，效果不错。由于资源日益枯竭和 HSS-PM 自身优良的综合性能及市场的需求，HSS-PM 必将会有一个长足的进步。

4）低合金高速钢（DH）

由于合金资源越来越少、成套麻花钻出口及低速切削工具的需要，钢厂和工具厂共同开发出 301、F205、D101 等多种牌号的 DH。2003 年我国生产高速钢 6 万吨，其中 DH 两万吨，占高速钢的 1/3；2004 年 DH 占高速钢的 40%，2005 年、2006 年仍呈增长势头。但其中水分不少，有些根本不属高速钢，硬度也达不到 63HRC，也被标以 HSS。

2. 硬质合金

机械制造业需要"高精度、高效率、高可靠性和专用化"的经营理念，在当代刀具制造和使用领域，"效率第一"的理念已经取代了传统的"性能价格比"老概念，这一变化为高技术含量的高效刀具的发展扫清了障碍。

硬质合金不仅具有较高的耐磨性，而且韧性也较高（和超硬材料相比），所以得到广泛的应用，展望未来，它仍然是应用最广泛的刀具材料。从历届机床工具博览会上可以看出，硬质合金可转位刀具几乎覆盖了所有的刀具品种。随着科学技术的发展和刀具技术的进步，硬质合金的性能得到很大改善：一是开发了提高韧性的 $1\sim2\mu m$ 细颗粒硬质合金；二是开发了涂层硬质合金。与高速钢刀具相比，硬质合金涂层刀具的市场份额增长幅度更大，因为在高温和高速切削参数下，高强度更为重要。

硬质合金是由难熔金属碳化物（TiC、WC、TaC、NbC 等）和金属黏结剂（如 Co、Ni 等）经粉末冶金方法制成的。硬质合金的硬度和耐磨性都很高，其切削性能比高速钢高得多，刀具耐用度可提高几倍到几十倍，但抗弯强度和冲击韧性较差。由于其优良的切削性能，广泛地被用作刀具材料，绝大多数车刀、端铣刀采用硬质合金制造，深孔钻、铰刀及一些复杂的刀具（如齿轮滚刀）现在也采用硬质合金。

ISO 标准将切削用的硬质合金分为三类：P 类（相当于我国的 YT 类）、K 类（相当于我国的 YG 类）和 M 类（相当于我国的 YW 类）。

（1）WC-Co(YG) 类硬质合金，主要由 WC+Co 组成，有粗晶粒、中晶粒、细晶粒和超细晶粒之分。常用的牌号有 YG3X、YG6X、YG6、YG8 等，主要用于加工铸铁及有色金属。

（2）WC-TiC-Co(YT) 类硬质合金，这类硬质合金中除含有 WC 外，还有 5%～30% 的 TiC。常用的牌号有 YT5、YT14、YT15 及 YT30，主要用于加工钢料。

（3）WC-Tic-TaC(NbC)-Co(YW) 类硬质合金，在上述硬质合金中加入一定数量的 TaC（NbC）。常用的牌号有 YW1 和 YW2，可用于加工铸铁及有色金属、各种钢料及其合金。

3. 涂层刀具

涂层刀具是在韧性较好的硬质合金刀具基体上，涂覆一薄层耐磨性高的难熔金属化合物而获得的。常用的涂层材料有 TiC、TiN、TiB_2、ZrO_2、Ti（C、N）及 Al_2O_3 等。

涂层硬质合金一般采用化学气相沉积法（CVD 法）生产，沉积温度 1000℃，涂层物质以 TiC 最为广泛。数控机床上不重磨刀具的广泛使用，为发展涂层硬质合金刀具开辟了广阔的天地。实践证明，涂层硬质合金刀片的耐用度至少可提高 1～3 倍。

涂层高速钢刀具一般采用物理气相沉积法（PVD）生产，沉积温度 500℃左右，这是当代刀具技术发展的一个主要潮流之一。涂层高速钢刀具主要有钻头、丝锥、滚刀、立铣刀等，且在 TiN 涂层的机床上，发展了更好的 TiAlN 和 Ti（C、N）涂层等，其刀具耐用度可提高 2～10 倍以上。

4. 超硬刀具材料

硬材料是指以金刚石为代表的具有很高硬度物质的总称。超硬材料的范畴虽没有一个严格的规定，但人们习惯上把金刚石和硬度接近于金刚石硬度的材料称为超硬材料。

1）金刚石

金刚石是目前世界上已发现的最硬的一种材料。金刚石刀具具有高硬度、高耐磨性和高导热性等性能，在有色金属和非金属加工中得到广泛的应用，尤其在铝和硅铝合金高速切削加工中，如轿车发动机缸体、缸盖、变速箱和各种活塞等的加工中，金刚石刀具是难以替代的主要切削刀具。近年来，由于数控机床的普及和数控加工技术的高速发展，可实现高效率、高稳定性、长寿命加工的金刚石刀具的应用日渐普及。金刚石刀具现在和将来都是数控加工中不可缺少的重要刀具。

2）立方氮化硼（CBN）

立方氮化硼是氮化硼的同素异构体，其结构与金刚石相似，硬度高达 8000～9000HV，耐热度达 1400℃，耐磨性好。近年来，开发的多晶立方氮化硼（PCBN）是在高温、高压下将微细的 CBN 颗粒通过结合相烧结在一起的多晶材料，既能胜任淬硬钢（45～65HRC）、轴承钢（60～64HRC）、高速钢（63～66HRC）、冷硬铸铁的粗车和精车，又能胜任高温合金、热喷涂材料、硬质合金及其他难加工材料的高速切削加工。

3）陶瓷刀具

陶瓷刀具是最有发展潜力的刀具之一，目前已引起世界工具界的重视。在工业发达的德国，约 70%加工铸件的工序是由陶瓷刀具来完成的，而日本陶瓷刀具的年消耗量已占刀具总量的 8%～10%。由于数控机床高效无污染切削、被加工材料硬等因素，迫使刀具材料必须更新换代，陶瓷刀具正是顺乎潮流，不断改革创新，在 Al_2O_3 陶瓷基体中添加 20%～30%的 SiC 晶液制成晶须增韧陶瓷材料，SiC 晶须的作用犹如钢筋混凝土中的钢筋，它能成为阻挡或改变裂纹扩展方向的障碍物，使刀具的韧性大幅度提高，是一种很有发展前途的刀具材料。为了提高纯氧化铝陶瓷的韧性，加入含量小于 10%的金属，构成所谓的金属陶瓷，这类刀具材料具有强大的生命力，正以强劲势头向前发展，也许将来会自成一系，成为刀具材料家族的新成员。

2.1.4 车削工具系统

为了提高效率、减少换刀辅助时间，数控车削刀具已经向标准化、系列化、模块化方向发展，目前常用的数控车床刀具系统有两类。

一类是刀块式，结构是用凸键定位、螺钉夹紧，如图 2-1（a）所示。该结构定位可靠、夹紧牢固、刚性好，但换装刀具费时，不能自动夹紧。

另一类结构是圆柱柄上铣有齿条的结构，如图 2-1（b）所示。该结构可实现自动夹紧，换装比较快捷，刚性较刀块式差。

瑞典山特维克公司推出了一套模块化的车刀系统，刀柄是一样的，仅需更换刀头和刀杆即可用于各种加工，如图 2-1（c）所示。该结构刀头很小，更换快捷，定位精度高，也可自动更换。

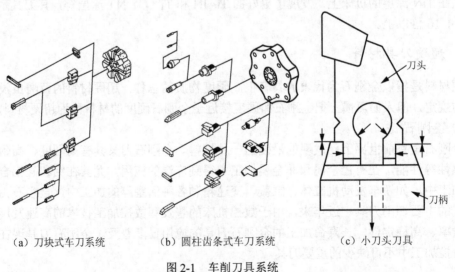

（a）刀块式车刀系统　　　（b）圆柱齿条式车刀系统　　　（c）小刀头刀具

图 2-1　车削刀具系统

2.2 数控车床的刀具种类

2.2.1 常用数控车刀的种类

常用数控车刀的种类如图 2-2 所示。

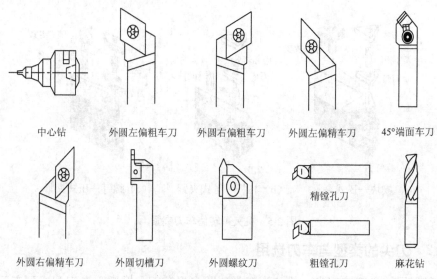

中心钻　　外圆左偏粗车刀　　外圆右偏粗车刀　　外圆左偏精车刀　　45°端面车刀

外圆右偏精车刀　　外圆切槽刀　　外圆螺纹刀　　粗镗孔刀 / 精镗孔刀　　麻花钻

图 2-2　常用数控车刀的种类

2.2.2 车刀的分类

根据刀具与刀体的连接方式，车刀主要分为焊接式与机械夹固式可转位车刀两大类。

1. 焊接式车刀

焊接式车刀是将硬质合金刀片用焊接的方法固定在刀体上，形成一个整体。此类刀具结构简单、制造方便、刚性较好。但由于受焊接工艺的影响，使刀具的使用性能受到影响，另外，刀杆不能重复使用，造成刀具材料的浪费。

根据工件加工表面的形状及用途的不同，焊接式车刀可分为外圆车刀、内孔车刀、切断（切槽）刀、螺纹车刀及成形车刀等，如图 2-3 所示的为外圆车刀。

2. 机械夹固式可转位车刀

机械夹固式可转位车刀是已经实现机械加工标准化、系列化的车刀。数控车床常用的机夹可转位车刀结构形式如图 2-4 所示，主要由刀杆、刀片、刀垫及夹紧元件 4 个部件组成。刀片每边都有切削刃，当某切削刃磨损钝化后，只需松开夹紧元件，将刀片转一个位置便可继续使用，这样减少了换刀时间和方便对刀，便于实现机械加工的标准化。因此，在数控车削加工时，应尽量采用机夹刀和机夹刀片。机夹可转位车刀一般有楔块、杠杆、螺钉三种压式夹紧方式，如图 2-5 所示。

图 2-3　外圆车刀

图 2-4　机夹可转位车刀结构

1-刀杆
2-刀片
3-刀垫
4-夹紧元件

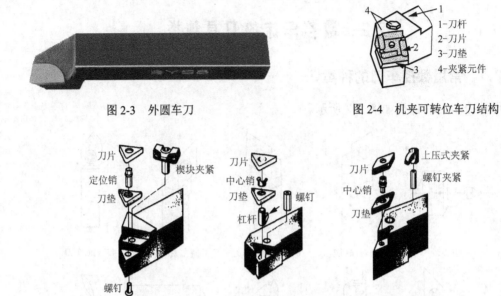

（a）楔块—压式夹紧　　　（b）杠杆—压式夹紧　　　（c）螺钉—压式夹紧

图 2-5　机夹可转位车刀夹紧

2.2.3　刀尖的类型与车刀选用

数控车削用的车刀按刀尖一般分为三类，即尖形车刀、圆弧形车刀和成型车刀。下面就常用车刀的类型与选用作进一步讲解。

1. 车刀的类型

1）尖形车刀

以直线形切削刃为特征的车刀称为尖形车刀。尖形车刀的刀尖（也称为刀位点）由直线形的主、副切削刃构成，切削刃为一直线形。如 90°内、外圆车刀、端面车刀、切断（槽）车刀等。其加工零件轮廓主要由一个独立的刀尖或一条直线形主切削刃位移后得到。

尖形车刀是数控车床加工中用的最为广泛的一类车刀。尖形车刀的几何参数主要指车刀的几何角度。选择方法与使用普通车削时的基本相同，但应结合数控加工的特点（如走刀路线及加工干涉等）进行全面考虑，如图 2-6 所示。选择尖形车刀不发生干涉的几何角度，可用作图或计算的方法。应该主要根据工件的表面形状、加工部位及刀具本身的强度等选择合适的刀具几何角度，并应适合数控加工的特点（如加工路线、加工干涉等）。

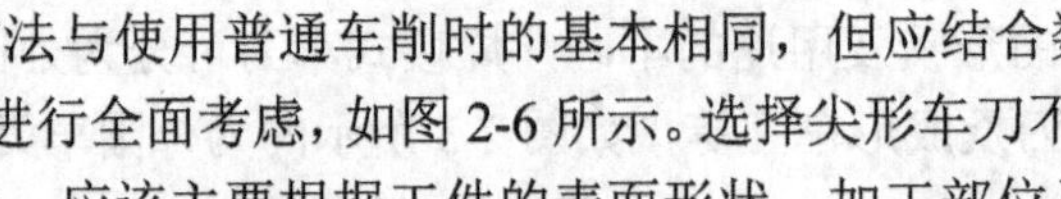

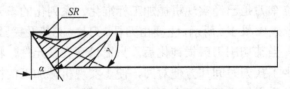

图 2-6　尖形车刀几何参数

2）圆弧形车刀

圆弧形车刀的特征是构成主切削刃的刀刃形状为一圆度误差或线轮廓度很小的圆弧，

圆弧刀刃上每一点都是车刀刀尖，因此对刀点在该圆弧的圆心上，如图 2-7 所示。

当某些尖形车刀或成形车刀（如螺纹车刀）的刀尖具有一定的圆弧形状时，也可作为这类车刀使用。圆弧形车刀是较为特殊的数控车刀，可用于车削工件内、外表面，特别适合于车削各种光滑连接（凸凹形）成形面。

圆弧形车刀具有宽刃切削（修光）性质，能使精车余量相当均匀而改善切削性能，还能一刀车出跨多个象限的圆弧面。

3）成形车刀

成形车刀俗称样板车刀，其加工零件的轮廓形状完全由车刀刀刃的形状和尺寸决定。数控车削加工中，常见的成形车刀有小半径圆弧车刀、非矩形切槽刀和螺纹车刀等。在数控加工中，应尽量少用或不用成形车刀，当确有必要选用时，应在工艺文件或加工程序单上进行详细说明。

2. 车刀的几何参数及选用

1）尖形车刀

尖形车刀的几何参数主要指车刀的几何角度。如图 2-8 所示的零件，使其左右两个 45° 锥面由一把车刀加工，车刀主偏角取 50°～55°，副偏角取 50°～52°，这样利于保证刀头足够的强度，利于主、副切削刃不发生干涉。

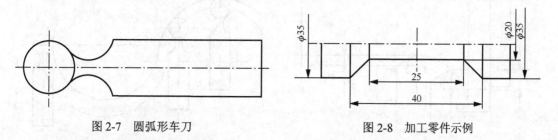

图 2-7　圆弧形车刀　　　　　　　　图 2-8　加工零件示例

选择主、副切削刃不发生干涉的角度，可通过作图或计算的方法。副偏角大于作图或计算所得不干涉的极限角度 6°～8°即可。

2）圆弧形车刀

圆弧形车刀的几何参数除了前角及后角外，主要几何参数为车刀圆弧切削刃的形状及半径。圆弧形车刀的选择，主要是选择车刀圆弧半径的大小时，应考虑以下两点。

（1）车刀切削刃的圆弧半径应当小于或等于零件凹形轮廓上的最小曲率半径，以免发生加工干涉。

（2）该半径不宜选择太小，否则既难于制造，还会因其刀头强度太弱或刀体散热能力差，使车刀容易受到损坏。

对于精度要求较高的凹曲面车削（如图 2-9）或大外圆弧面的批量车削，以及尖形车刀所不能完成的加工，适宜选用圆弧车刀进行。如图 2-10 所示的零件曲面形状精度和表面精度均有所要求时，尖形车刀不适合加工。

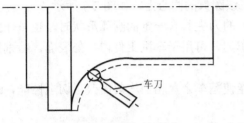

图2-9 曲面车削示例

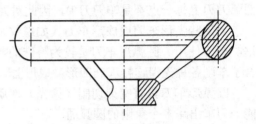

图2-10 大手轮

例如，图2-11所示，车刀加工靠近圆弧终点时，背吃刀量（a_{p1}）大大超过圆弧起点位置上的背吃刀量，产生较大的误差及粗糙度，因此选用圆弧形车刀。该零件同时跨四个象限的外圆弧轮廓，采用圆弧形车刀可简单完成。

圆弧形车刀半径大小确定后，还应特别注意圆弧切削刃的形状误差对加工精度的影响。如图2-12所示的零件车削加工时，车刀的圆弧切削刃与被加工轮廓曲线作相对滚动，故编程时规定圆弧形车刀的刀位点必须在车刀圆弧刃的圆心位置上。至于圆弧形车刀的前、后角的选择，原则上与普通车刀相同，但其前刀面一般为凹球面，后刀面一般为圆锥面，这样能满足刀刃上每一个切削点上都具有恒定的前角和后角，可以保证加工过程的稳定性及加工精度。

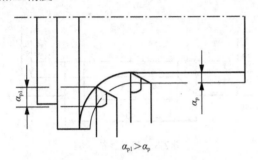

图2-11 切削深度不均匀性示例

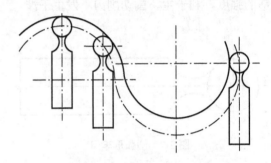

图2-12 车刀的圆弧切削刃与被加工轮廓的相对滚动原理

3）可转位车刀的选用

（1）刀片的紧固方式

在国家标准中，一般紧固方式有上压式（代码为C）、上压与销孔夹紧（代码M）、销孔夹紧（代码P）和螺钉夹紧（代码S）四种。

（2）刀片外形的选择

刀片外形与加工的对象、刀具的主偏角、刀尖角和有效刃数等有关。在选用时，应根据加工条件恶劣与否，按重、中、轻切削有针对性地选择。在机床刚性、功率允许的条件下，大余量、粗加工应选用刀尖角较大的刀片。反之，机床刚性和功率小，小余量、精加工时宜选用较小刀尖角的刀片。

可转位车刀刀片种类繁多，使用最广的是菱形刀片，其次是三角形刀片、圆形刀片及切槽刀片。菱形刀片按其菱形锐角不同有80°、55°和35°三类。80°菱形刀片刀尖角大小适中，刀片既有较好的强度、散热性和耐用度，又能装配成主偏角略大于90°的刀具，用于端面、外圆、内孔、台阶的加工。同时，这种刀片的可夹固性好，可用刀片底面及非切削位置上的 80°刀尖角的相邻两侧面定位，定位方式可靠，且刀尖位置精度仅与刀片本身的外形尺寸精度相关，转位精度较高，适合数控车削。35°菱形刀片因其刀尖角小，干涉现象少，多用于车削工件的复杂型面或开挖沟槽。图 2-13 为常见的可转位车刀刀片。

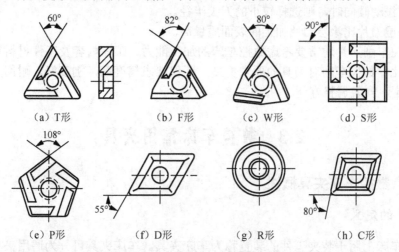

（a）T形　　　　（b）F形　　　　（c）W形　　　　（d）S形

（e）P形　　　　（f）D形　　　　（g）R形　　　　（h）C形

图 2-13　常见可转位车刀刀片

（3）刀杆头部形式的选择

刀杆头部形式按主偏角和直头、弯头分有 15～18 种，各形式规定了相应的代码，国家标准和刀具样本中都一一列出，可以根据实际情况进行选择。

（4）刀片后角的选择

常用的刀片后角有 N（0°）、C（7°）、P（11°）、E（20°）等。一般粗加工、半精加工可用 N 型；半精加工、精加工可用 C、P 型。

（5）左右手刀柄的选择

左右手刀柄有 R（右手）、L（左手）、N（左右手）三种。选择时要考虑车床刀架是前置式还是后置式、主轴的旋转方向，以及需要的进给方向等。

（6）刀尖圆弧半径的选择

刀尖圆弧半径不仅影响切削效率，而且关系到被加工表面的粗糙度及加工精度。从刀尖圆弧半径与最大进给量关系来看，最大进给量不应超过刀尖圆弧半径尺寸的 80%，否则将恶化切削条件。因此，从断屑可靠出发，通常对于小余量、小进给车削加工应采用小的刀尖圆弧半径。反之，宜采用较大的刀尖圆弧半径。粗加工时，注意以下几点。

① 为提高刀刃强度，应尽可能选取大刀尖半径的刀片，大刀尖半径可允许大进给。

② 在有振动倾向时，则选择较小的刀尖半径。

③ 常用刀尖半径为 1.2～1.6mm。

④ 粗车时进给量不能超过表 2-1 给出的最大进给量。作为经验法则，一般进给量可取为刀尖圆弧半径的一半。

表 2-1　不同刀尖半径时最大推荐进给量

刀尖半径（mm）	0.4	0.8	1.2	1.6	2.4
最大进给量（mm/r）	0.25～0.35	0.4～0.7	0.5～1.0	0.7～1.3	1.0～1.8

精加工时，注意以下几点。

① 精加工的表面质量不仅受刀尖圆弧半径和进给量的影响，而且受工件装夹稳定性、夹具和机床的整体条件等因素的影响。

② 在有振动倾向时，则选择较小的刀尖半径。

③ 非涂层刀片比涂层刀片加工的表面质量高。

选择数控车削刀具通常要考虑数控车床的加工能力、工序内容及工件材料等因素。与普通车削相比，数控车削对刀具的要求更高，不仅要求精度高、刚度好、耐用度高，而且要求尺寸稳定、安装调整方便。

2.3 数控车床常用夹具

2.3.1 数控车床夹具概述

1. 夹具的定义

在数控车床上用于装夹工件的装置称为车床夹具。车床夹具可分为通用夹具和专用夹具两大类。通用夹具是指能够装夹两种或两种以上工件的夹具，例如，车床上的三爪卡盘、四爪卡盘、弹簧卡套和通用心轴等；专用夹具是专门为加工某一特定工件的某一工序而设计的夹具。

2. 夹具的作用

在数控车削加工过程中，夹具是用来装夹被加工工件的，因此必须保证被加工工件的定位精度，并尽可能做到装卸方便、快捷。选择夹具时应优先考虑通用夹具。使用通用夹具无法装夹，或者不能保证被加工工件与加工工序的定位精度时，才采用专用夹具。专用夹具的定位精度较高，成本也较高。专用夹具的作用如下所示。

（1）保证产品质量。

（2）提高加工效率。

（3）解决车床加工中的特殊装夹问题。

（4）扩大机床的使用范围。

使用专用夹具可以完成非轴套、非轮盘类零件的孔、轴、槽和螺纹等的加工，可扩大机床的使用范围。

2.3.2 数控车床类夹具介绍

1. 三爪自定心卡盘

常用的自动定心夹具，装夹面与加工面同轴。装夹方便，夹持工件时一般不需要找正，适用于装夹轴类、盘套类零件，如图 2-14 所示。

2. 四爪单动卡盘

四爪单动卡盘适用于非圆柱体、圆柱偏心等精度要求高的零件。其四个爪都可单独移动，安装工件时需找正，夹紧力大，适用于装夹毛坯及截面形状不规则和不对称的工件，如图 2-15 所示。

图 2-14 三爪自定心卡盘

图 2-15 四爪单动卡盘

3. 花盘

花盘与其他车床附件（螺栓、压板等）一起使用，适用于需要端面定位夹紧的工件。

花盘连接于主轴，其右端为一垂直于主轴轴线的大平面，平面上有若干条径向 T 形直槽，以便用螺栓、压板等将工件压紧在这个大平面上，如图 2-16（a）所示。根据工件的结构特征和加工部位的需要，有时还使用弯板（有两个互相垂直平面的角铁），工件装夹在弯板上，弯板固定在花盘上，如图 2-16（b）所示。

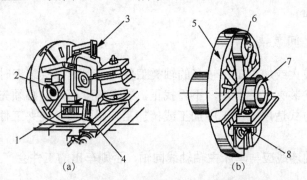

1，7—工件；2，6—平衡块；3—螺栓；4—压板；5—花盘；8—弯板

图 2-16 用花盘装夹工件

工件在花盘上最后压紧前，应根据工件上预先画好的基准线进行位置的校正。由于工件不规则，以及螺栓、压板和弯板等夹紧装置的使用，工件装夹后常会出现重心偏离中心的现象，这时，必须在花盘相应位置加装平衡块，并仔细予以平衡，以保证安全生产和防止切削加工时产生振动。

用花盘装夹工件比较麻烦，需要找正和平衡。主要用于装夹用其他方法不便装夹的形状不规则的工件，通常这类工件都有一个较大的平面（可用作在花盘上确定位置的基准面），且在本加工工序中被加工表面（外圆或孔）的轴线对该平面有较严格的垂直度（或平行度，此时应使用弯板）位置要求。此外，一些径向刚性较差，不能承受较大夹紧力的工件，也可使用花盘装夹。

4. 心轴

常用的心轴有圆柱心轴、圆锥心轴和花键心轴。圆柱心轴主要用于套筒和盘类零件的装夹。

2.3.3 通用夹具装夹工件

1. 在三爪自定心卡盘上装夹

三爪自定心卡盘的三个卡爪是同步运动的，能自动定心，一般不需找正。三爪自定心卡盘装夹工件方便、省时，自动定心好，但夹紧力较小，所以适用于装夹外形规则的中、小型工件。三爪自定心卡盘可装成正爪或反爪两种形式。反爪用来装央直径较大的工件。用三爪自定心卡盘装夹精加工过的表面时，被夹住的工件表面应包一层铜皮，以免夹伤工件表面。

数控车床多采用三爪自定心卡盘夹持工件，轴类工件还可使用尾座顶尖支持工件。数控车床主轴转速较高，为便于工件夹紧，多采用液压高速动力卡盘。这种卡盘在生产厂已通过了严格平衡检验，具有高转速（极限转速可达 8000r/min 以上）、高夹紧力（最大推拉力为 2000～8000N）、高精度、调爪方便、通孔、使用寿命长等优点。通过调整油缸的压力，可改变卡盘的夹紧力，以满足夹持各种薄壁和易变形工件的特殊需要。还可使用软爪夹持工件，软爪弧面由操作者随机配制，可获得理想的夹持精度。为减少细长轴加工时的受力变形、提高加工精度，以及在加工带孔轴类工件内孔时，可采用液压自动定心中心架，其定心精度可达 0.03mm。

2. 在两顶尖之间装夹

对于长度尺寸较大或加工工序较多的轴类工件，为保证每次装夹时的装夹精度，可用两顶尖装夹。两顶尖装夹工件方便，不需找正，装夹精度高，但必须先在工件的两端面钻出中心孔。该装夹方式适用于多工序加工或精加工。用两顶尖装夹工件时须注意的事项如下所示。

（1）前后顶尖的连线应与车床主轴轴线同轴，否则车出的工件会产生锥度误差。

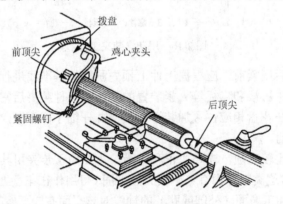

图 2-17 两顶尖之间装夹

（2）尾座套筒在不影响车刀切削的前提下，应尽量伸出得短些，以增加刚性、减少振动。

（3）中心孔应形状正确，表面粗糙度值小。轴向精确定位时，中心孔倒角可加工成准确的圆弧形倒角，并以该圆弧形倒角与顶尖锋面的切线为轴向定位基准定位。

（4）两顶尖与中心孔的配合应松紧合适。

3. 用卡盘和顶尖装夹

用两顶尖装夹工件，虽然精度高，但刚性较差。因此，车削质量较大工件时要一端用卡盘夹住，另一端用后顶尖支撑，如图 2-18 所示。为了防止工件由于切削力的作用而产生轴向位移，必须在卡盘内装一限位支撑，或利用工件的台阶面限位。这种方法比较安全，能承受较大的轴向切削力，安装刚性好，轴向定位准确，所以应用比较广泛。

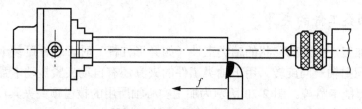

图 2-18　用卡盘和顶尖装夹

4. 用双三爪自定心卡盘装夹

对于精度要求高、变形要求小的细长轴类零件可采用双主轴驱动式数控车床加工，机床两主轴轴线同轴、转动同步，零件两端同时分别由三爪自定心卡盘装夹并带动旋转，这样可以减小切削加工时切削力矩引起的工件扭转变形。

2.3.4　用找正方式装夹

1. 找正要求

找正装夹时必须将工件的加工表面回转轴线（同时也是工件坐标系 Z 轴）找正到与车床主轴回转中心重合。

2. 找正方法

与普通车床上找正工件相同，一般为打表找正。通过调整卡爪，使工件坐标系 Z 轴与车床主轴的回转中心重合，如图 2-19 所示。

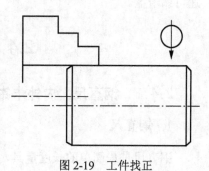

单件生产工件偏心安装时常采用找正装夹；用三爪自定心卡盘装夹较长的工件时，工件离卡盘夹持部分较远处的旋转中心不一定与车床主轴旋转中心重合，这时必须找正；又当三爪自定心卡盘使用时间较长，已失去应有精度，而工件的加工精度要求又较高时，也需要找正。

图 2-19　工件找正

3. 装夹方式

一般采用四爪单动卡盘装夹。四爪单动卡盘的四个卡爪是各自独立运动的，可以调整工件夹持部位在主轴上的位置，使工件加工面的回转中心与车床主轴的回转中心重合，但四爪单动卡盘找正比较费时，只能用于单件小批生产。四爪单动卡盘夹紧力较大，所以适用于大型或形状不规则的工件。四爪单动卡盘也可装成正爪或反爪两种形式。

2.3.5 其他类型的数控车床夹具

为了充分发挥数控车床的高速度、高精度和自动化的效能，必须有相应的数控夹具与之配合。数控车床夹具除了使用通用三爪自定心卡盘、四爪卡盘、顶尖、大批量生产中使用便于自动控制的液压、电动及气动卡盘、顶尖外，还有其他类型的夹具，它们主要分为两大类，即用于轴类工件的夹具和用于盘类工件的夹具。

1. 用于轴类工件的夹具

数控车床加工一些特殊形状的轴类工件（如异形杠杆）时，坯件可装卡在专用车床夹具上，夹具随同主轴一同旋转。用于轴类工件的夹具还有自动夹紧拨动卡盘、三爪拨动卡盘和快速可调万能卡盘等。图 2-20 所示为加工实心轴所用的拨齿顶尖夹具，其特点是在粗车时可以传递足够大的转矩，以适应主轴高速旋转车削要求。

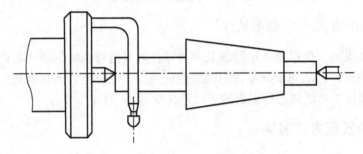

图 2-20 实心轴加工所用的拨齿顶尖夹具

2. 用于盘类工件的夹具

用于盘类工件的夹具适用在无尾座的卡盘式数控车床上。主要有可调卡爪式卡盘和快速可调卡盘。

2.4 数控车床常用量具

2.4.1 钢直尺、内外卡钳及塞尺

1. 钢直尺

钢直尺是最简单的长度量具，它的长度有 150、300、500 和 1000mm 四种规格。图 2-21 是常用的 150mm 钢直尺。

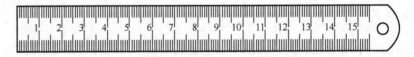

图 2-21 150mm 钢直尺

钢直尺用于测量零件的长度尺寸，它的测量结果不太准确。这是由于钢直尺的刻线间距为 1mm，而刻线本身的宽度就有 0.1～0.2mm，所以测量时读数误差比较大，只能读出毫

米数，即它的最小读数值为 1mm，比 1mm 小的数值，只能估计而得。

2. 内外卡钳

图 2-22 是常见的两种内外卡钳。内外卡钳是最简单的比较量具。外卡钳是用来测量外径和平面的；内卡钳是用来测量内径和凹槽的。它们本身都不能直接读出测量结果，而是把测量得的长度尺寸（直径也属于长度尺寸），在钢直尺上进行读数，或在钢直尺上先取下所需尺寸，再去检验零件。

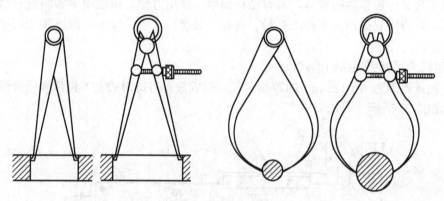

图 2-22　内外卡钳

当前使用的内卡钳已采用量表或数显方式来显示测量数据（图 2-23）。采用这种内卡钳可以测出 IT7～IT8 级精度的内孔。

3. 塞尺

塞尺又称厚薄规或间隙片。主要用来检验机床特别紧固面和紧固面、活塞与气缸、活塞环槽和活塞环、十字头滑板和导板、进排气阀顶端和摇臂、齿轮啮合间隙等两个结合面之间的间隙大小。塞尺是由许多层厚薄不一的薄钢片组成（图 2-24），按照塞尺的组别制成一把一把的塞尺，每把塞尺中的每片具有两个平行的测量平面，且都有厚度标记，以供组合使用。测量时，根据结合面间隙的大小，用一片或数片重叠在一起塞进间隙内。例如，用 0.03mm 的一片能插入间隙，而 0.04mm 的一片不能插入间隙，这说明间隙在 0.03～0.04mm，所以塞尺也是一种界限量规。

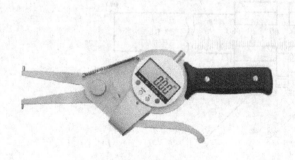

图 2-23　数显内卡钳

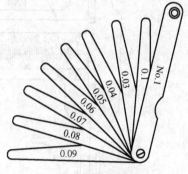

图 2-24　光环规和塞规

2.4.2 游标读数量具

应用游标读数原理制成的量具有游标卡尺。如高度游标卡尺、深度游标卡尺、游标量角尺（如万能量角尺）和齿厚游标卡尺等，用以测量零件的外径、内径、长度、宽度、厚度、高度、深度、角度，以及齿轮的齿厚等，应用范围非常广泛。

1. 游标卡尺的结构形式

游标卡尺是一种常用的量具，具有结构简单、使用方便、精度中等和测量的尺寸范围大等特点，可以用它来测量零件的外径、内径、长度、宽度、厚度、深度和孔距等，应用范围很广。

1）游标卡尺有三种结构形式

（1）测量范围为 0～125mm 的游标卡尺，制成带有刀口形的上下量爪和带有深度尺的形式，如图 2-25 所示。

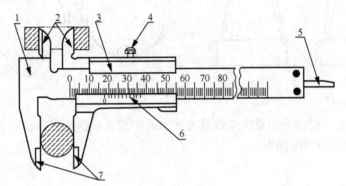

1—尺身；2—上量爪；3—尺框；4—紧固螺钉；5—深度尺；6—游标；7—下量爪

图 2-25　游标卡尺的结构形式之一

（2）测量范围为 0～200mm 和 0～300mm 的游标卡尺，可制成带有内外测量面的下量爪和带有刀口形的上量爪的形式，如图 2-26 所示。

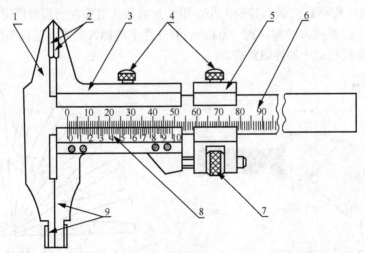

1—尺身；2—上量爪；3—尺框；4—紧固螺钉；5—微动装置；6—主尺；7—微动螺母；8—游标；9—下量爪

图 2-26　游标卡尺的结构形式之二

（3）测量范围为 0～200mm 和 0～300mm 的游标卡尺，也可制成只带有内外测量面的下量爪的形式，如图 2-27 所示。而测量范围大于 300mm 的游标卡尺，只制成这种仅带有下量爪的形式。

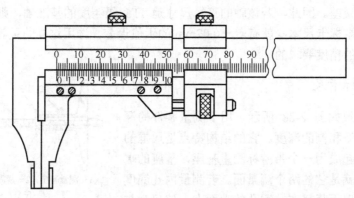

图 2-27 游标卡尺的结构形式之三

2）游标卡尺主要由下列几部分组成

（1）具有固定量爪的尺身，如图 2-26 中的 1。尺身上有类似钢尺一样的主尺刻度，如图 2-26 中的 6。主尺上的刻线间距为 1mm。主尺的长度决定于游标卡尺的测量范围。

（2）具有活动量爪的尺框，如图 2-26 中的 3。尺框上有游标，如图 2-26 中的 8，游标卡尺的游标读数值可制成为 0.1、0.05 和 0.02mm 的三种。游标读数值，就是指使用这种游标卡尺测量零件尺寸时，卡尺上能够读出的最小数值。

（3）在 0～125mm 的游标卡尺上，还带有测量深度的深度尺，如图 2-25 中的 5。深度尺固定在尺框的背面，能随着尺框在尺身的导向凹槽中移动。测量深度时，应把尺身尾部的端面靠紧在零件的测量基准平面上。

（4）测量范围等于和大于 200mm 的游标卡尺，带有随尺框做微动调整的微动装置，如图 2-26 中的 5。使用时，先用固定螺钉 4 把微动装置 5 固定在尺身上，再转动微动螺母 7，活动量爪就能随同尺框 3 做微量的前进或后退。微动装置的作用，是使游标卡尺在测量时用力均匀，便于调整测量压力，减少测量误差。

2. 游标卡尺的测量精度

测量或检验零件尺寸时，要按照零件尺寸的精度要求，选用相适应的量具。游标卡尺是一种中等精度的量具，它只适用于中等精度尺寸的测量和检验。用游标卡尺测量锻铸件毛坯或精度要求很高的尺寸，都是不合理的。前者容易损坏量具，后者测量精度达不到要求。因为量具都有一定的示值误差，游标卡尺的示值误差如表 2-2 所示。

表 2-2 游标卡尺的示值误差（mm）

游标读数值	示值总误差
0.02	±0.02
0.05	±0.05
0.10	±0.10

游标卡尺的示值误差，就是游标卡尺本身的制造精度，不论你使用得怎样正确，卡尺

本身就可能产生这些误差。例如，用游标读数值为 0.02mm 的 0～125mm 的游标卡尺（示值误差为±0.02mm），测量 50mm 的轴时，若游标卡尺上的读数为 50.00mm，实际直径可能是 50.02mm，也可能是 49.98mm。这不是游标尺的使用方法上有什么问题，而是它本身制造精度所允许产生的误差。因此，若该轴的直径尺寸是 IT5 级精度的基准轴，则轴的制造公差为 0.025mm，而游标卡尺本身就有着±0.02mm 的示值误差，选用这样的量具去测量，显然是无法保证轴径的精度要求的。

3. 深度游标卡尺

深度游标卡尺如图 2-28 所示，用于测量零件的深度尺寸或台阶高低和槽的深度。它的结构特点是尺框的两个量爪连成一起成为一个带游标测量基座，基座的端面和尺身的端面就是它的两个测量面。若测量内孔深度时，应把基座的端面紧靠在被测孔的端面上，使尺身与被测孔的中心线平行，伸入尺身，则尺身端面至基座端面之间的距离，就是被测零件的深度尺寸。

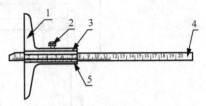

1—测量基座；2—紧固螺钉；3—尺框；
4—尺身；5—游标

图 2-28　深度游标卡尺

深度游标卡尺的读数方法和游标卡尺完全一样。测量时，先把测量基座轻轻压在工件的基准面上，两个端面必须接触工件的基准面，如图 2-29（a）所示。测量轴类等台阶时，测量基座的端面一定要压紧在基准面，如图 2-29（b）、图 2-29（c）所示，再移动尺身，直到尺身的端面接触到工件的量面（台阶面）上，然后用紧固螺钉固定尺框，提起卡尺，读出深度尺寸。多台阶小直径的内孔深度测量，要注意尺身的端面是否在要测量的台阶上，如图 2-29（d）所示。当基准面是曲线时，如图 2-29（e）所示，测量基座的端面必须放在曲线的最高点上，测量出的深度尺寸才是工件的实际尺寸，否则会出现测量误差。

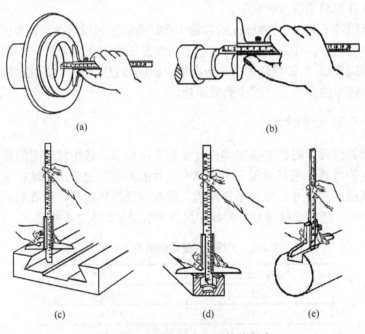

图 2-29　深度游标卡尺的使用方法

4. 齿厚游标卡尺

齿厚游标卡尺（如图 2-30 所示）是用来测量齿轮（或蜗杆）的弦齿厚和弦齿顶。这种游标卡尺由两个互相垂直的主尺组成，因此它有两个游标。A 的尺寸由垂直主尺上的游标调整；B 的尺寸由水平主尺上的游标调整。刻线原理和读法与一般游标卡尺相同。

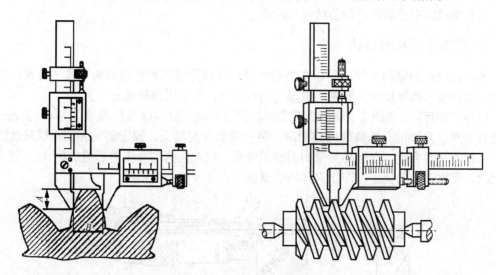

图 2-30　齿厚游标卡尺测量齿轮与蜗杆

测量蜗杆时，把齿厚游标卡尺读数调整到等于齿顶高（蜗杆齿顶高等于模数 m_s），法向卡入齿廓，测得的读数是蜗杆中径（d_2）的法向齿厚。但图纸上一般注明的是轴向齿厚，必须进行换算。法向齿厚 S_n 的换算公式如下：

$$S_n = \frac{\pi m_s}{2} \cos \tau$$

以上所介绍的各种游标卡尺都存在一个共同的问题，就是读数不是很清晰，容易读错，有时不得不借放大镜将读数部分放大。现有游标卡尺采用无视差结构，使游标刻线与主尺刻线处在同一平面上，消除了在读数时因视线倾斜而产生的视差；有的卡尺装有测微表成为带表卡尺（如图 2-31 所示），便于读数准确，提高了测量精度；更有一种带有数字显示装置的游标卡尺（如图 2-32 所示），这种游标卡尺在零件表面上量得尺寸时，就直接用数字显示出来，其使用极为方便。

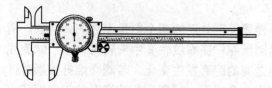

图 2-31　带表卡尺

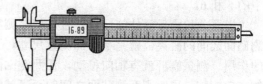

图 2-32　数字显示游标卡尺

2.4.3　螺旋测微量具

应用螺旋测微原理制成的量具，称为螺旋测微量具。它们的测量精度比游标卡尺高，并且测量比较灵活。因此，当加工精度要求较高时多被应用。常用的螺旋读数量具有百分尺和千分尺。百分尺的读数值为 0.01mm；千分尺的读数值为 0.001mm。工厂习惯上把百分尺和千分尺统称为百分尺或分厘卡。目前车间里大量用的是读数值为 0.01mm 的百分尺，现以介绍这种百分尺为主，并适当介绍千分尺的使用知识。

百分尺的种类很多，机械加工车间常用的有：外径百分尺、内径百分尺、深度百分尺，以及螺纹百分尺和公法线百分尺等，并分别测量或检验零件的外径、内径、深度、厚度，以及螺纹的中径和齿轮的公法线长度等。

1. 外径百分尺的结构

各种百分尺的结构大同小异，常用的外径百分尺是用以测量或检验零件的外径、凸肩厚度，以及板厚或壁厚等（测量孔壁厚度的百分尺，其量面呈球弧形）。

百分尺由尺架、测微头、测力装置和制动器等组成。图 2-33 是测量范围为 0～25mm 的外径百分尺。尺架的一端装着固定测砧，另一端装着测微头。固定测砧和测微螺杆的测量面上都镶有硬质合金，以提高测量面的使用寿命。尺架的两侧面覆盖着绝热板 12，使用百分尺时，手拿在绝热板上，防止人体的热量影响百分尺的测量精度。

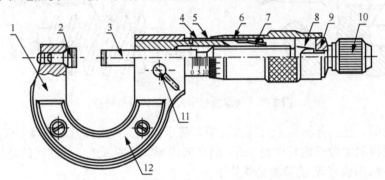

1—尺架；2—固定测砧；3—测微螺杆；4—螺纹轴套；5—固定刻度套筒；6—微分筒；
7—调节螺母；8—接头；9—垫片；10—测力装置；11—锁紧螺钉；12—绝热板

图 2-33 0～25mm 外径百分尺

2. 百分尺的工作原理和读数方法

1）百分尺的工作原理

如外径百分尺的工作原理就是应用螺旋读数机构，它包括一对精密的螺纹——测微螺杆与螺纹轴套，如图 2-33 中的 3 和 4，和一对读数套筒——固定套筒与微分筒，如图 2-33 中的 5 和 6。

用百分尺测量零件的尺寸，就是把被测零件置于百分尺的两个测量面之间。所以，两测砧面之间的距离，就是零件的测量尺寸。当测微螺杆在螺纹轴套中旋转时，由于螺旋线的作用，测量螺杆就有轴向移动，使两测砧面之间的距离发生变化。若测微螺杆按顺时针的方向旋转一周，则两测砧面之间的距离就缩小一个螺距。同理，若按逆时针方向旋转一周，则两砧面的距离就增大一个螺距。常用百分尺测微螺杆的螺距为 0.5mm。因此，当测微螺杆顺时针旋转一周时，两测砧面之间的距离就缩小 0.5mm。当测微螺杆顺时针旋转不到一周时，缩小的距离就小于一个螺距，它的具体数值可从与测微螺杆结成一体的微分筒的圆周刻度上读出。微分筒的圆周上刻有 50 个等分线，当微分筒转一周时，测微螺杆就推进或后退 0.5mm，微分筒转过它本身圆周刻度的一小格时，两测砧面之间转动的距离为：

$$0.5 \div 50 = 0.01 \text{（mm）}$$

由此可知：百分尺上的螺旋读数机构，可以正确地读出 0.01mm，也就是百分尺的读数值为 0.01mm。

2）百分尺的读数方法

在百分尺的固定套筒上刻有轴向中线，作为微分筒读数的基准线。另外，为了计算测微螺杆旋转的整数转，在固定套筒中线的两侧，刻有两排刻线，刻线间距均为 1mm，上下两排相互错开 0.5mm。

百分尺的具体读数方法可分为三步。

（1）读出固定套筒上露出的刻线尺寸，一定要注意不能遗漏应读出的 0.5mm 的刻线值。

（2）读出微分筒上的尺寸，要看清微分筒圆周上哪一格与固定套筒的中线基准对齐，将格数乘 0.01mm 即得微分筒上的尺寸。

（3）将上面两个数相加，即为百分尺上测得尺寸。

如图 2-34（a）所示，在固定套筒上读出的尺寸为 8mm，微分筒上读出的尺寸为 27（格）×0.01mm=0.27mm，将两数相加即得被测零件的尺寸为 8.27mm；如图 2-34（b）所示，在固定套筒上读出的尺寸为 8.5mm，在微分筒上读出的尺寸为 27（格）×0.01mm=0.27mm，将两数相加即得被测零件的尺寸为 8.77mm。

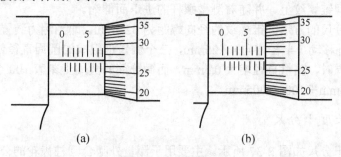

图 2-34　百分尺的读数

3. 内测百分尺

内测百分尺如图 2-35 所示，是测量小尺寸内径和内侧面槽的宽度。其特点是容易找正内孔直径，测量方便。国产内测百分尺的读数值为 0.01mm，测量范围有 5～30 和 25～50mm 两种，如图 2-35 所示的是 5～30mm 的内测百分尺。内测百分尺的读数方法与外径百分尺相同，只是套筒上的刻线尺寸与外径百分尺相反。另外，它的测量方向和读数方向也都与外径百分尺相反。

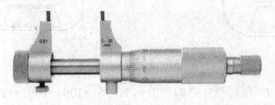

图 2-35　内测百分尺

4. 三爪内径千分尺

三爪内径千分尺，适用于测量中小直径的精密内孔，尤其适于测量深孔的直径。测量范围（mm）：6～8、8～10、10～12、11～14、14～17、17～20、20～25、25～30、30～35、35～40、40～50、50～60、60～70、70～80、80～90、90～100。三爪内径千分尺的零位，必须在标准孔内进行校对。

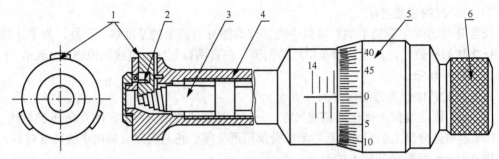

1—测量爪；2—扭簧；3—测微螺杆；4—螺纹轴套；5—微分筒；6—测力装置

图 2-36　三爪内径千分尺

三爪内径千分尺的工作原理：图 2-36 是测量范围为 11～14mm 的三爪内径千分尺，当顺时针旋转测力装置时，就带动测微螺杆旋转，并使它沿着螺纹轴套的螺旋线方向移动，于是测微螺杆端部的方形圆锥螺纹就推动三个测量爪作径向移动。扭簧的弹力使测量爪紧紧地贴合在方形圆锥螺纹上，并随着测微螺杆的进退而伸缩。

三爪内径千分尺的方形圆锥螺纹的径向螺距为 0.25mm。即当测力装置顺时针旋转一周时，测量爪就向外移动（半径方向）0.25mm，三个测量爪组成的圆周直径就要增加 0.5mm。即微分筒旋转一周时，测量直径增大 0.5mm，而微分筒的圆周上刻着 100 个等分格，所以，它的读数值为 0.5mm÷100=0.005mm。

5. 公法线长度千分尺

公法线长度千分尺如图 2-37 所示。主要用于测量外啮合圆柱齿轮的公法线长度，也可以在检验切齿机床精度时，按被切齿轮的公法线检查其原始外形尺寸。它的结构与外径百分尺相同，所不同的是在测量面上装有两个带精确平面的量钳（测量面）来代替原来的测砧面。

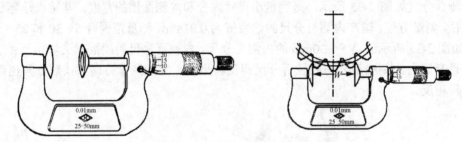

图 2-37　公法线长度测量

测量范围（mm）：0～25、25～50、50～75、75～100、100～125、125～150。读数值（mm）0.01。测量模数 m(mm)≥1。

6. 壁厚千分尺

壁厚千分尺如图 2-38 所示。主要用于测量精密管形零件的壁厚。壁厚千分尺的测量面镶有硬质合金，以提高使用寿命。测量范围（mm）：0～10、0～15、0～25、25～50、50～75、75～100。读数值（mm）为 0.01。

7. 螺纹千分尺

螺纹千分尺如图 2-39 所示。主要用于测量普通螺纹的中径。螺纹千分尺的结构与外径百分尺相似，所不同的是它有两个特殊的可调换的量头 1 和 2，其角度与螺纹牙形角相同。

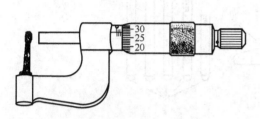

图 2-38　壁厚千分尺图

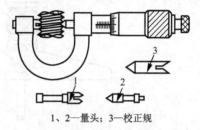

1、2—量头；3—校正规

图 2-39　螺纹千分尺

测量范围与测量螺距的范围如表 3-3 所示。

表 2-3　普通螺纹中径测量范围

测量范围（mm）	测头数量（副）	测头测量螺距的范围（mm）
0～25	5	0.4～0.5；0.6～0.8；1～1.25；1.5～2；2.5～3.5
25～50	5	0.6～0.8；1～1.25；1.5～2；2.5～3.5；4～6
50～75	4	1～1.25；1.5～2；2.5～3.5；4～6
75～100		
100～125	3	1.5～2；2.5～3.5；4～6
125～150		

8. 深度百分尺

深度百分尺如图 2-40 所示。主要用于测量孔深、槽深和台阶高度等。它的结构除用基座代替尺架和测砧外，与外径百分尺没有什么区别。深度百分尺的读数范围（mm）：0～25、25～100、100～150。读数值（mm）为 0.01。它的测量杆制成可更换的形式，更换后，用锁紧装置锁紧。

深度百分尺校对零位可在精密平面上进行，即当基座端面与测量杆端面位于同一平面时，微分筒的零线正好对准。当更换测量杆时，一般零位不会改变。深度百分尺测量孔深时，应把基座的测量面紧贴在被测孔的端面上。零件的这一端面应与孔的中心线垂直，且应当光洁平整，使深度百分尺的测量杆与被测孔的中心线平行，保证测量精度。此时，测量杆端面到基座端面的距离，就是孔的深度。

9. 数字外径百分尺

近年来，我国有数字外径百分尺（如图 2-41 所示），用数字表示读数，使用更为方便。还有在固定套筒上刻有游标，利用游标可读出 0.002mm 或 0.001mm 的读数值。

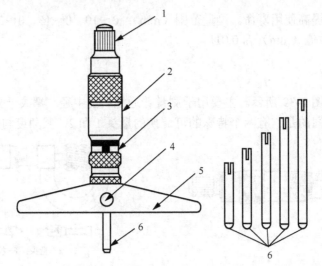

1—测力装置；2—微分筒；3—固定套筒；4—锁紧装置；5—底板；6—测量杆

图 2-40　深度百分尺

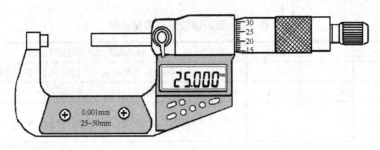

图 2-41　数字外径百分尺

2.4.4　指示式量具

指示式量具是以指针指示出测量结果的量具。车间常用的指示式量具有：百分表、千分表、杠杆百分表和内径百分表等。主要用于校正零件的安装位置、检验零件的形状精度和相互位置精度，以及测量零件的内径等。

1. 百分表的结构

百分表和千分表，都是用来校正零件或夹具的安装位置、检验零件的形状精度或相互位置精度的。它们的结构原理没有什么大的不同，就是千分表的读数精度比较高，即千分表的读数值为 0.001mm，而百分表的读数值为 0.01mm。车间里经常使用的是百分表，因此，本小节主要介绍百分表。

百分表的外形如图 2-42 所示。表盘上刻有 100 个等分格，其刻度值（即读数值）为 0.01mm。当指针转一圈时，小指针即转动一小格，转数指示盘的刻度值为 1mm。用手转动表圈时，表盘也跟着转动，可使指针对准任一刻线。测量杆是沿着套筒 7 上下移动的，套筒 8 可作为安装百分表用。图 2-42 是百分表内部机构的示意图。带有齿条的测量杆的直线移动，通过齿轮传动（Z_1、Z_2、Z_3），转变为指针的回转运动。齿轮 Z_4 和弹簧 3 使齿轮传动的间隙始终在一个方向，起着稳定指针位置的作用。弹簧是控制百分表的测量压力的。百分表内的齿轮传动机构，使测量杆直线移动 1mm 时，指针正好回转一圈。由于百分表和千分表的测量杆是做直线移动的，可用来测量长度尺寸，所以它们也是长度测量工具。目前，国产百分表的测量范围（即测量杆的最大移动量）有 0～3mm、0～5mm、0～10mm 三种。读数值为 0.001mm 的千分表，测量范围为 0～1mm。

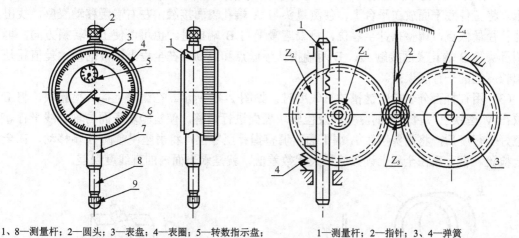

1、8—测量杆；2—圆头；3—表盘；4—表圈；5—转数指示盘；6—指针；7—套筒；9—测量头　　　　　1—测量杆；2—指针；3、4—弹簧

图 2-42　百分表及其内部结构

2. 杠杆百分表和千分表的使用方法

（1）使用注意事项

① 千分表应固定在可靠的表架上，测量前必须检查千分表是否夹牢，并多次提拉千分表测量杆与工件接触，观察其重复指示值是否相同。

② 测量时，不准用工件撞击测头，以免影响测量精度或撞坏千分表。为保持一定的起始测量力，测头与工件接触时，测量杆应有 0.3～0.5mm 的压缩量。

③ 测量杆上不要加油，以免油污进入表内，影响千分表的灵敏度。

④ 千分表测量杆与被测工件表面必须垂直，否则会产生误差。

⑤ 杠杆千分表的测量杆轴线与被测工件表面的夹角愈小，误差就愈小。如果由于测量需要，α 角无法调小时（当 $\alpha > 15°$），其测量结果应进行修正。从图 2-43 可知，当平面上升距离为 a 时，杠杆千分表摆动的距离为 b，也就是杠杆千分表的读数为 b，因为 $b > a$，所以指示读数增大。具体修正计算式 $a = b\cos\alpha$。

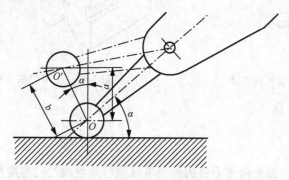

图 2-43　杠杆千分表测杆轴线位置引起的测量误差

例 2-1　用杠杆千分表测量工件时，测量杆轴线与工件表面的夹角 α 为 30°，测量读数为 0.048mm，求正确测量值。

解：$a=b\cos\alpha=0.048\times\cos30°=0.048\times0.866=0.0416$（mm）

（2）杠杆百分表体积较小，适合于零件上孔的轴心线与底平面的平行度检查，如图 2-44 所示。将工件底平面放在平台上，使测量头与 A 端孔表面接触，左右慢慢移动表座，找出工件孔径最低点，调整指针至零位，将表座慢慢向 B 端推进。也可以使工件转换方向，再使测量头与 B 端孔表面接触，A、B 两端指针最低点和最高点在全程上读数的最大差值就是全部长度上的平行度误差。

（3）用杠杆百分表检验键槽的直线度时，如图 2-45 所示。在键槽上插入检验块，将工件放在 V 型铁上，百分表的测头触及检验块表面进行调整，使检验块表面与轴心线平行。调整好平行度后，将测头接触 A 端平面，调整指针至零位，将表座慢慢向 B 端移动，在全程上检验。百分表在全程上读数的最大代数差值，就是水平面内的直线度误差。

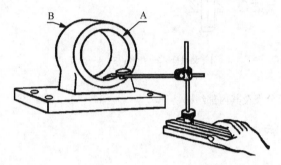

图 2-44　孔的轴心线与底平面的平行度检验方法

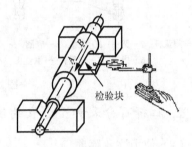

图 2-45　键槽直线度的检验方法

（4）内外圆同轴度的检验，在排除内外圆本身的形状误差时，可用圆跳动量来计算。以内孔为基准时，可把工件装在两顶尖的心轴上，用百分表或杠杆表检验（如图 2-46 所示）。百分表（杠杆表）在工件转一周的读数就是工件的圆跳动。以外圆为基准时，把工件放在 V 型铁上，如图 2-47 所示，用杠杆表检验。这种方法可测量不能安装在心轴上的工件。

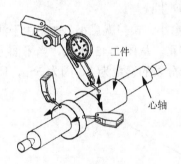

图 2-46　在心轴上检验圆跳动

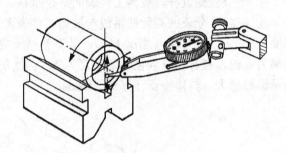

图 2-47　在 V 型铁上检验圆跳动

2.4.5　角度量具

1. 万能角度尺

万能角度尺是用来测量精密零件内外角度或进行角度画线的角度量具，它有以下几种。如游标量角器、万能角度尺等。万能角度尺的读数机构如图 2-48 所示。是由刻有基本角度刻线的尺座和固定在扇形板上的游标组成。扇形板可在尺座上回转移动（有制动器），形成了和游标卡尺相似的游标读数机构。万能角度尺尺座上的刻度线每格 1°。由于游标上刻有 30 格，所占的总角度为 29°，因此，两者每格刻线的度数差是：$1° - \dfrac{29°}{30} = \dfrac{1°}{30} = 2'$，即万能角度尺的精度为 2'。

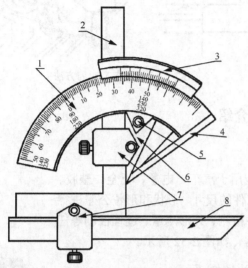

1—尺座；2—角尺；3—游标；4—基尺；5—制动器；6—扇形板；7—卡块；8—可移动尺

图 2-48　万能角度尺

万能角度尺的读数方法和游标卡尺相同，先读出游标零线前的角度是几度，再从游标上读出角度"分"的数值，两者相加就是被测零件的角度数值。

2. 中心规

中心规如图 2-49 所示。主要用于检验螺纹及螺纹车刀角度（如图 2-50 所示）和螺纹车刀在安装时校正正确位置。车螺纹时，为了保证齿形正确，对安装螺纹车刀提出了较高的要求。对于三角螺纹，它的齿形要求对称和垂直于工件轴心线，即两半角相等。安装时，为了使两半角相等，可按图 2-50 所示用中心规对刀。也可校验车床顶针的准确性，如图 2-51 所示。其规格有 55°、60° 两种。

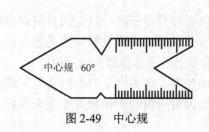

图 2-49　中心规

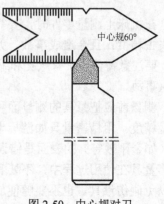

图 2-50　中心规对刀

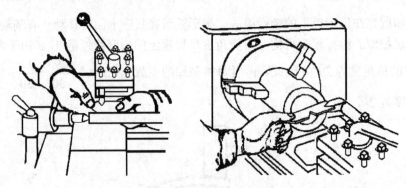

图 2-51 螺纹车刀对刀方法

2.4.6 其他量具介绍

1. 三坐标测量仪

三坐标测量仪广泛应用于汽车、电子、五金、塑胶、模具等行业中，可以对工件的尺寸、形状和形位公差进行精密检测，从而完成零件检测、外形测量、过程控制等任务，属于精密测量类仪器，如图 2-52 所示。

2. 形状和位置误差的测量

在数控加工制造过程中，经常需要形状及位置误差的测量。常用的形状及位置误差包括各种辅助测量工具，如平板、心轴和轴套、量块、角度块、直角尺、表架、千斤顶、定位块、杠杆百分表等。还有一些专用测量设备，如

图 2-52 三坐标测量仪

用于平面度误差测量的合像水平仪、用于表面粗糙度测量的 SE-30D 型表面粗糙测量仪、干涉显微镜、光切显微镜、用于圆度测量的圆度仪等设备。

2.4.7 量具的维护和保养

正确地使用精密量具是保证产品质量的重要条件之一。要保持量具的精度和它工作的可靠性，除了在使用中要按照合理的使用方法进行操作以外，还必须做好量具的维护和保养工作。

（1）在机床上测量零件时，要等零件完全停稳后进行，否则不但使量具的测量面过早磨损而失去精度，且会造成事故。尤其是车工使用外卡时，不要以为卡钳简单，磨损一点无所谓，要注意铸件内常有气孔和缩孔，一旦钳脚落入气孔内，可把操作者的手也拉进去，造成严重事故。

（2）测量前应把量具的测量面和零件的被测量表面都要揩干净，以免因有脏物存在而影响测量精度。用精密量具如游标卡尺、百分尺和百分表等，去测量锻铸件毛坯，或带有研磨剂（如金刚砂等）的表面是错误的，这样易使测量面很快磨损而失去精度。

（3）量具在使用过程中，不要和工具、刀具（如锉刀、榔头、车刀和钻头等）堆放在一起，以免碰伤量具。也不要随便放在机床上，以免因机床振动而使量具掉下来损坏。尤

其是游标卡尺等，应平放在专用盒子里，免使尺身变形。

（4）量具是测量工具，绝对不能作为其他工具的代用品。例如，拿游标卡尺画线，拿百分尺当小榔头，拿钢直尺当起子旋螺钉，以及用钢直尺清理切屑等都是错误的。把量具当玩具，如把百分尺等拿在手中任意挥动或摇转等也是错误的，都是易使量具失去精度的。

（5）温度对测量结果影响很大，零件的精密测量一定要使零件和量具都在 20℃的情况下进行测量。一般可在室温下进行测量，但必须使工件与量具的温度一致，否则，由于金属材料的热胀冷缩的特性，使测量结果不准确。

温度对量具精度的影响亦很大，量具不应放在阳光下或床头箱上，因为量具温度升高后，也量不出正确尺寸。更不要把精密量具放在热源（如电炉、热交换器等）附近，以免使量具受热变形而失去精度。

（6）不要把精密量具放在磁场附近。例如，磨床的磁性工作台上，以免使量具感磁。

（7）发现精密量具有不正常现象时，如量具表面不平、有毛刺、有锈斑，以及刻度不准、尺身弯曲变形、活动不灵活等，使用者不应当自行拆修，更不允许自行用榔头敲、锉刀锉、砂布打光等粗糙办法修理，以免反而增大量具误差。发现上述情况，使用者应当主动送计量站检修，并经检定量具精度后再继续使用。

（8）量具使用后，应及时揩干净。除不锈钢量具或有保护镀层者外，金属表面应涂上一层防锈油，放在专用的盒子里，保存在干燥的地方，以免生锈。

（9）精密量具应实行定期检定和保养。长期使用的精密量具，要定期送计量站进行保养和检定精度，以免因量具的示值误差超差而造成产品质量事故。

思考与练习

1. 数控车床对刀具的基本要求有哪些？
2. 数控车床刀具的常用材料有哪些？
3. 常用数控车刀的种类有哪些？根据刀具与刀体的连接方式、车刀主要分为两类？
4. 刀尖的类型有哪些？车刀选用的原则是什么？车刀的几何参数及选用原则什么？
5. 什么是数控车床对夹具？其作用是什么？
6. 通用夹具装夹工件有哪些类型？
7. 游标卡尺的测量精度是什么？怎样实现螺纹的测量？
8. 量具的维护和保养要求是什么？
9. 试简要说明三爪自定心卡盘的找正过程？
10. 我国常用的数控车床的刀具系统有哪些？其各自特点是什么？

第3章 数控车床加工工艺

学习目标

- ❖ 了解数控加工零件的选择要求，以及数控车床的加工对象和特点。
- ❖ 了解数控加工工艺的基本特点、工艺过程、零件结构的工艺性分析。
- ❖ 掌握典型零件加工方法的选择及加工路线的确定。
- ❖ 掌握数控车削用量及切削液的选用。
- ❖ 掌握数控加工阶段的划分及精加工余量的确定。
- ❖ 熟练掌握数控车床夹具及零件的装夹与校正。
- ❖ 了解数控加工工艺文件的组成及格式。

教学导读

前面认识了 FANUC 系统数控车床，并系统地学习了它的常用工具。通过学习，我们知道，数控车床在现代制造业中应用十分广泛，主要用于加工轴类、盘类等回转体零件，可自动控制完成内外圆柱面、圆锥面、成形表面、螺纹和端面等工序的切削加工，并能进行车槽、钻孔、扩孔、铰孔等工作，还能加工一些复杂的回转面，如双曲面、抛物面等。

本章节将按照数控车床上用到的工艺内容，学习数控车削加工工艺知识。其主要内容是加工方法的选择及加工路线的确定、车削用量及切削液的选用、加工阶段的划分及精加工余量的确定、数控加工工艺文件。通过本章节学习后，应能熟练掌握数控车床加工工艺特点。下面 3 个图为本章节所涉及的重点内容的插图。

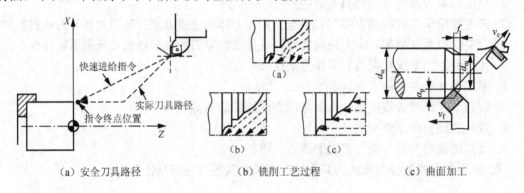

| （a）安全刀具路径 | （b）铣削工艺过程 | （c）曲面加工 |

教学建议

（1）本章节的教学重点应放在加工工序的确定和进给路线的确定方面，可以根据实际情况调整教学章节。

（2）在加工中，数控车削用量及切削液的选用一定要根据实据情况来进行，初期训练建议使用柔质材料，例如，尼龙、塑料、木材等，等学生技能掌握后才能更换硬质材料，例如，铝材、45 钢。

（3）在讲解加工工艺文件组成及格式的时候，建议制订符合自己学校要求格式的工艺文件，可以参考其他工厂常用的文件。

3.1　数控加工概述

3.1.1　数控加工的定义

数控加工是指在数控机床上进行零件加工的一种工艺方法。数控机床加工与传统机床加工的工艺规程从总体上说是一致的，但也有一些明显的变化。数控加工是用数字信息控制零件和刀具位移的机械加工方法。它是解决零件品种多变、批量小、形状复杂、精度高等问题和实现高效化和自动化加工的有效途径。

3.1.2　数控加工零件的选择要求

1．适合类

根据数控加工的特点，并综合数控加工的经济效益，数控机床通常比较适宜加工具有以下特点的零件。

（1）多品种、小批量生产的零件或新产品试制的零件。

（2）轮廓形状复杂、对加工精度要求较高的零件。

（3）用普通机床加工时，需要有昂贵工艺装备（工具、夹具和模具）的零件。

（4）需要多次改型的零件。

（5）价格昂贵、加工中不允许报废的关键零件。

（6）需要最短生产周期的急需零件。

2．不适合类

采用数控机床加工以下几类零件，其生产率和经济性无明显改善，甚至可能得不偿失，因此，不适宜在数控机床上进行加工。

（1）装夹困难或完全靠找正定位来保证加工精度的零件。

（2）加工余量极不稳定的零件，主要针对无在线检测系统可自动调整零件坐标位置的数控机床。

（3）必须用特定的工艺装备协调加工的零件。

3.1.3　数控车床的加工对象

与传统车床相比，数控车床比较适合于车削具有以下要求和特点的回转体零件。

1）精度要求高的零件

由于数控车床的刚性好、制造和对刀精度高，以及能方便和精确地进行人工补偿甚至自动补偿，所以它能够加工尺寸精度要求高的零件。在有些场合可以以车代磨。此外，由于数控车削时刀具运动是通过高精度插补运算和伺服驱动来实现的，再加上机床的刚性好和制造精度高，所以它能加工对母线直线度、圆度、圆柱度要求高的零件。例如，尺寸精度高达 0.001mm 或更小的零件；圆柱度要求高的圆柱体零件；素线直线度、圆度和倾斜度均要求高的圆锥体零件，以及通过恒线速度切削功能，加工表面精度要求高的各种变径表面类零件等。

2）表面粗糙度好的回转体零件

数控车床能加工出表面粗糙度小的零件，不但是因为机床的刚性好和制造精度高，还由于它具有恒线速度切削功能。在材质、精车留量和刀具已定的情况下，表面粗糙度取决于进给速度和切削速度。使用数控车床的恒线速度切削功能，就可选用最佳线速度来切削端面，这样切出的粗糙度既小又一致。数控车床还适合于车削各部位表面粗糙度要求不同的零件。粗糙度小的部位可以用减小进给速度的方法来达到，而这在传统车床上是做不到的。

3）轮廓形状复杂的零件

数控车床具有圆弧插补功能，所以可直接使用圆弧指令来加工圆弧轮廓。数控车床也可加工由任意平面曲线所组成的轮廓回转零件，既能加工可用方程描述的曲线，也能加工列表曲线。如果说车削圆柱零件和圆锥零件既可选用传统车床也可选用数控车床，那么车削复杂转体零件就只能使用数控车床。

4）带一些特殊类型螺纹的零件

带一些特殊类型螺纹的零件是指特大螺距、等螺距与变螺距或圆柱与圆锥螺纹面之间做平滑过渡的螺纹零件等。传统车床所能切削的螺纹相当有限，它只能加工等节距的直、锥面公、英制螺纹，而且一台车床只限定加工若干种节距。数控车床不但能加工任何等节距直、锥面公、英制和端面螺纹，而且能加工增节距、减节距，以及要求等节距、变节距之间平滑过渡的螺纹。数控车床加工螺纹时，主轴转向不必像传统车床那样交替变换，它可以一刀又一刀不停顿地循环，直至完成，所以它车削螺纹的效率很高。数控车床还配有精密螺纹切削功能，再加上一般采用硬质合金成型刀片，以及可以使用较高的转速，所以车削出来的螺纹精度高、表面粗糙度小。可以说，包括丝杠在内的螺纹零件很适合于在数控车床上加工。

5）超精密、超低表面粗糙度的零件

磁盘、录像机磁头、激光打印机的多面反射体、复印机的回转鼓、照相机等光学设备的透镜及其模具，以及隐形眼镜等要求超高的轮廓精度和超低的表面粗糙度值，它们适合于在高精度、高功能的数控车床上加工。以往很难加工的塑料散光用的透镜，现在也可以用数控车床来加工。超精加工的轮廓精度可达到 $0.1\mu m$，表面粗糙度高达 $0.02\mu m$。超精车削零件的材质以前主要是金属，现已扩大到塑料和陶瓷。

6）淬硬工件的加工

在大型模具加工中，有不少尺寸大而形状复杂的零件。这些零件热处理后的变形量较大，磨削加工有困难，因此可以用陶瓷车刀在数控机床上对淬硬后的零件进行车削加工，以车代磨，提高加工效率。

3.1.4　数控加工的特点

综上所述，数控加工与普通机床加工相比，数控加工具有加工的零件精度高、产品质量一致性好、生产效率高、加工范围广和利于实现计算机辅助制造的优点，缺点是初始投资大、加工成本高，以及首件加工编程、调试程序和试切加工的时间较长。

3.2 数控车削加工工艺概述

数控加工工艺是数控加工方法和数控加工过程的总称。数控加工工艺的内容和特点可归纳如下。

3.2.1 数控加工工艺的基本特点

1. 工艺内容明确而具体

数控加工工艺与普通加工工艺相比，在工艺文件的内容上和格式上都有很大的区别。许多在普通加工工艺中不必考虑而由操作人员在操作过程中灵活掌握并调整的问题（如工序内工步的安排，以及对刀点、换刀点和加工路线的确定等），在编制数控加工工艺文件时必须详细列出。

2. 数控加工工艺的工作要求准确而严密

数控机床虽然自动化程度高，但自适应性差，它不能像普通加工时可以根据加工过程中出现的问题自由地进行人为的调整。所以，数控加工的工艺文件必须保证加工过程中的每一细节准确无误。

3. 采用先进的工艺装备

为了满足数控加工中高质量、高效率和高柔性的要求，数控加工中广泛采用先进的数控刀具、组合刀具等工艺装备。

4. 采用工序集中

数控加工大多采用工序集中的原则安排加工工序，从而缩短了生产周期，减少了设备的投入，提高了经济效益。

数控加工工艺的基本特点总结如下。

（1）数控加工的工序内容比普通机床加工的工序内容复杂。由于数控机床比普通机床价格昂贵，加工功能强，所以在数控机床上一般安排较复杂的零件加工工序，甚至是在普通机床上难以完成的加工工序。

（2）数控机床加工程序的编制比普通机床工艺规程的编制复杂。这是因为在普通机床的加工工艺中不必考虑的问题，例如，工序中工步的安排，对刀点、换刀点以及走刀路线的确定等因素，在数控机床编程时必须考虑确定。

3.2.2 数控车削加工工艺过程

数控车削加工工艺过程一般是：首先，通过分析零件图样，明确工件适合在数控车削的加工内容、加工要求，并以此为出发点确定零件在数控车削过程中的加工工艺和过程顺序；然后，选择确定数控加工的工艺装备，如确定采用何种机床；接着，考虑工件如何装夹及装夹方案的拟订；最后，明确和细化工步的具体内容，包括对走刀路线、位移量和切削参数等的确定。

数控车削加工工艺设计过程总结如下。

（1）分析数控车削加工要求：分析毛坯，了解加工条件，对适合数控加工的工件图样进行分析，以明确数控车削的加工内容和加工要求。

（2）确定加工方案：设计各结构的加工方法；合理规划数控加工工序过程。

（3）确定加工设备：确定适合工件加工的数控车床类型、规格、技术参数；确定装夹设备、刀具、量具等加工用具；确定装夹方案、对刀方案。

（4）设计各刀具路线，确定刀具路线数据，确定刀具切削用量等内容。

（5）根据工艺设计内容，填写规定格式的加工程序；根据工艺设计调整机床，对编制好的程序必须经过校验和试切，并验证工艺、改进工艺。

（6）编写数控加工专用技术文件，作为管理数控加工及产品验收的依据。

（7）工件的验收与质量误差分析：工件入库前，先进行工件的检验，并通过质量分析，找出误差产生的原因，得出纠正误差的方法。

3.2.3　数控车削加工零件结构工艺性分析

零件的结构工艺性是指根据加工工艺特点，对零件的设计所产生的要求，也就是说零件的结构设计会影响或决定加工工艺性的好坏。本书仅从分析零件图样、确定毛坯方面加以分析。

1. 分析零件图样

分析零件图样主要考虑以下几个方面。

（1）构成零件轮廓的几何条件。由于设计等多方面的原因，可能在零件图上构成零件加工轮廓的数据不充分，这样会增加编程的难度，甚至会无法编程。例如，零件图上漏掉某尺寸，使几何尺寸条件不充分；零件图上的图线位置模糊或尺寸标注不清；零件图上给定的几何条件不合理，造成数学处理困难等。

（2）尺寸精度要求。分析零件图样尺寸精度要求，以判断能否利用车削工艺达到，并控制尺寸精度，同时可以进行尺寸换算，如增量尺寸与绝对尺寸及尺寸链计算等。在利用数控车床车削零件时，通常对零件要求的尺寸取最大和最小极限尺寸的平均值作为编程的尺寸依据。

（3）形状和位置精度要求。加工时，按照零件图样给定的形状，位置公差确定零件的定位基准和测量基准。

（4）表面粗糙度要求。表面粗糙度是保证零件表面微观精度的重要要求，也是合理选择机床、刀具及确定切削用量的依据。

2. 确定毛坯

确定毛坯的种类及制造方法主要考虑以下几个方面。

（1）零件材料及其力学性能。零件的材料及其力学性能大致确定了毛坯的种类。例如，钢质零件若力学性能要求不太高且形状不十分复杂时，可选择型材毛坯，但若要求较高的力学性能，则应选择锻件毛坯。

（2）零件的结构形状与外形尺寸。如形状复杂的大型零件毛坯可采用砂型铸造；一般用途的阶梯轴，若各台阶直径相差不大，可用圆棒料，各台阶直径相差较大时，选择锻件毛坯较为合适；对于锻件毛坯，尺寸大的零件一般选择自由锻造，中小型零件可选择模锻。

（3）生产类型。大批量生产的零件应选择精度和生产率较高的毛坯制造方法，如金属模机器造型或精密铸造、模锻、精锻等；零件产量较小时选择精度和生产率较低的毛坯制造方法。

（4）现有生产条件。确定毛坯的种类及制造方法，还要考虑具体的生产条件，如毛坯制造的工艺水平、设备状况，以及对外协作等情况。

（5）充分考虑利用新工艺、新技术的可能性。毛坯制造的新工艺、新技术和新材料的应用，对机械制造的生产率、经济性都会产生很大影响，因此，选择毛坯时要尽可能考虑采用如精铸、精锻、冷挤压、粉末冶金等毛坯制造的新工艺和新技术。

3.3 数控车削刀具路径及加工工序的确定

3.3.1 规划安全的刀具路径

在数控加工拟定刀具路径时，把安全考虑放在首要地位更切实际。规划刀具路径时，最值得注意的安全问题就是刀具在快速的点定位过程中与障碍物的碰撞。

1. 快速的点定位路线起点、终点的安全设定

在拟定刀具快速趋近工件的定位路径时，趋向点与工件实体表面的安全间隙大小应有谨慎的考虑。在接近点相对工件的安全间隙设置多少为宜呢？间隙量小可缩短加工时间，但间隙量太小对操作工来说却是不太安全和方便，容易带来潜在的撞刀危险。对间隙量的大小设定时，应考虑到加工的面是否已经加工到位，若没有加工，还应考虑可能的最大毛坯余量。

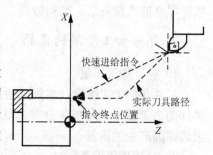

图 3-1 安全的刀具路径

2. 避免点定位路径中有障碍物

程序员拟定刀具路径时必须使刀具移动路线中没有障碍物。一些常见的障碍物如加工中心的机床工作台和安装其上的卡盘、分度头，虎钳、夹具、工件的非加工结构等。对各种影响路线设计的因素考虑不周，将容易引起撞刀危险的情况。G00 的目的是把刀具从相对工件的一个位置点快速移动到另一个位置点，但不可忽视的是 CNC 控制的两点间点定位路线不一定是直线，定位路线往往是先两轴等速移动，然后单轴趋近目标点的折线，忽视这一点将可能忽略了阻碍在实际移动折线路线中的障碍物，如图 3-1 所示。不但是 G00 的路线考虑这一点，G28、G29、G30、G73 等的点定位路线也应该考虑同样的问题。还应注意到的是，撞刀不仅仅是刀具头部与障碍物的碰撞，还可能是刀具其他部分（如刀柄）与物体的碰撞。

3.3.2 加工阶段的划分

对于重要的零件，为了保证其加工质量和合理使用设备，零件的加工过程可划分为四个阶段，即粗加工阶段、半精加工阶段、精加工阶段和精密加工（包括光整加工）阶段。

1. 加工阶段的性质

1）粗加工阶段

粗加工的任务是切除毛坯上大部分多余的金属，使毛坯在形状和尺寸上接近零件成品，减小工件的内应力，为精加工做好准备。因此，粗加工的主要目标是提高生产率。

2）半精加工阶段

半精加工的任务是使主要表面达到一定的精度并留有一定的精加工余量，为主要表面的精加工做好准备，并可完成一些次要表面的加工。热处理工序一般放在半精加工的前后。

3）精加工阶段

精加工是从工件上切除较少的余量，所得精度比较高、表面粗糙度值比较小的加工过程。其任务是全面保证工件的尺寸精度和表面粗糙度等加工质量。

4）精密加工阶段

精密加工主要用于加工精度和表面粗糙度要求很高（IT6级以上，表面粗糙度 R_a 为 0.4μm 以下）的零件。其主要目标是进一步提高尺寸精度，减小表面粗糙度。精密加工对位置精度影响不大。

并非所有零件的加工都要经过四个加工阶段。因此，加工阶段的划分不应绝对化，应根据零件的质量要求、结构特点、毛坯情况和生产纲领灵活掌握。

2. 划分加工阶段的目的

1）保证加工质量

工件在粗加工阶段，切削的余量较多。因此，车削力和夹紧力较大，切削温度也较高，零件的内部应力也将重新分布，从而产生变形。如果不进行加工阶段的划分，将无法避免上述原因产生的误差。

2）合理使用设备

粗加工可采用功率大、刚性好和精度低的机床加工，车削用量也可取较大值，从而充分发挥设备的潜力；精加工则切削力，对机床破坏小，从而保持了设备的精度。因此，划分加工过程阶段既可提高生产率，又可延长精密设备的使用寿命。

3）便于及时发现毛坯缺陷

对于毛坯的各种缺陷（如铸件、夹砂和余量不足等），在粗加工后即可发现，便于及时修补或决定报废，避免造成浪费。

4）便于组织生产

通过划分加工阶段，便于安排一些非切削加工工艺（如热处理工艺、去应力工艺等），从而有效地组织了生产。

3.3.3　加工工序的概念

1. 工序的定义

工序是工艺过程的基本单元。它是一个（或一组）工人在一个工作地点，对一个（或同时几个）工件连续完成的那一部分加工过程。划分工序的要点是工人、工件及工作地点三不变并连续加工完成。

2. 工序划分原则

工序划分原则有两种，即工序集中和工序分散。在数控车床上加工的零件，一般按工序集中原则划分工序。

（1）工序集中原则

工序集中原则是指每道工序包括尽可能多的加工内容，从而使工序的总数减少。采用工序集中原则有利于保证加工精度（特别是位置精度）、提高生产效率、缩短生产周期和减少机床数量，但专用设备和工艺装备投资大、调整维修比较麻烦、生产准备周期较长，不利于转产。

（2）工序分散原则

工序分散就是将工件的加工分散在较多的工序内进行，每道工序的加工内容很少。采用工序分散原则有利于调整和维修加工设备和工艺装备、选择合理的车削用量且转产容易；但工艺路线较长，所需设备及工人人数多，占地面积大。

以同一把刀具完成的那一部分工艺过程为一道工序，这种方法适用于工件的待加工表面较多，机床连续工作时间较长，加工程序的编制和检查难度较大等情况。

3.3.4 加工工序的安排

加工顺序（又称工序）通常包括切削加工工序、热处理工序和辅助工序。加工顺序的安排应根据工件的结构和毛坯状况，选择工件的定位和安装方式，重点保证工件的刚度不被破坏，尽量减少变形，因此制定零件数控车削加工工序顺序需遵循下列原则。

1. 基面先行原则

用作精基准的表面应优先加工出来，因为定位基准的表面越精确，装夹的误差就越小。即上道工序的加工能为后面的工序提供精基准和合适的夹紧表面，不能互相影响。制定零件的整个工艺路线就是从最后一道工序开始往前推，按照前工序为后工序提供基准的原则先大致安排。

2. 先内后外原则

因为控制内表面的尺寸和形状较困难，对既有内表面（内型、腔），又有外表面的零件加工时，先加工内型和内腔，后加工外型表面。先加工简单的几何形状，再加工复杂的几何形状。

3. 先粗后精原则

各个表面的加工顺序按照粗加工→半精加工→精加工→精密加工的顺序依次进行，逐步提高表面的加工精度和减小表面粗糙度。如图 3-2 所示。

半精加工目的：当粗加工满足不了精加工要求时，安排半精加工作为过渡性工序，以便使精加工余量小而均匀。精加工时，零件轮廓由最后一刀连续加工而成。加工刀具的进、退刀位置尽量沿轮廓的切线方向切入和切出。

4. 先近后远原则

远近按加工部位相对于对刀点的距离大小而言。加工时，离对刀点近的部位先加工，离对刀点远的位置后加工，以缩短刀具移动距离。

加工图 3-3 所示零件。如按 $\phi77$mm → $\phi66$mm → $\phi60$mm → $\phi45$mm 安排车削，这样会增加刀具返回对刀点所需的空行程时间，并在阶台处产生毛刺。因此，对第一刀的切削图深度未超限时，宜按 $\phi45$mm → $\phi60$mm → $\phi66$mm → $\phi77$mm 的顺序先近后远安排加工。

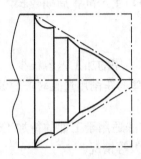

图 3-2 先粗后精示例

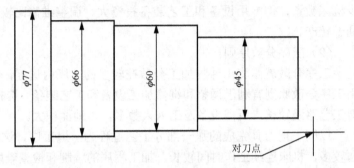

图 3-3 先近后远示例

5. 先主后次原则

零件的主要工作表面、装配基面应先加工，从而能及早发现毛坯中主要表面可能出现的缺陷。次要表面可穿插进行，放在主要加工表面加工到一定程度后、最终精加工之前进行。

6. 其他加工原则

（1）用一把刀加工完相应各部位，再换一把刀加工相应的其他部位，以减少空行程时间和换刀时间。

（2）以相同定位、夹紧方式安装的工序，最好接连进行，以减少重复定位次数、夹紧次数及空行程时间。

（3）中间穿插有通用机床加工工序的要综合考虑、合理安排其加工顺序。

（4）在一次安装加工多道工序中，先安排对工件刚性破坏较小的工序。

上述工序顺序安排的一般原则不仅适用于数控车削加工工序顺序的安排，也适用于其他类型的数控加工工序顺序的安排。

3.3.5 数控车削加工方法及加工方案

一般根据零件的加工精度、表面粗糙度、材料、结构形状、尺寸及生产类型确定零件表面的数控车削加工方法及加工方案。

1. 数控车削外表面及端面加工方案的确定

（1）加工精度为 IT7～IT8 级、Ra 为 0.8～1.6μm 的除淬火钢以外的常用金属，可采用普通型数控车床，按粗车、半精车、精车的方案加工。

（2）加工精度为 IT5～IT6 级、Ra 为 0.2～0.63μm 的除淬火钢以外的常用金属，可采用精密型数控车床，按粗车、半精车、精车、细车的方案加工。

（3）加工精度高于 IT5 级、$Ra<0.08\mu m$ 的除淬火钢以外的常用金属，可采用高档精密型数控车床，按粗车、半精车、精车、精密车的方案加工。

（4）对淬火钢等难车削材料，其淬火前可采用粗车、半精车的方法，淬火后安排磨削加工。

2. 数控车削加工内表面加工方案的确定

（1）加工精度为 IT8～IT9 级、Ra 为 $1.6～3.2\mu m$ 的除淬火钢以外的常用金属，可采用普通型数控车床，按粗车、半精车、精车的方案加工。

（2）加工精度为 IT6～IT7 级、Ra 为 $0.2～0.63\mu m$ 的除淬火钢以外的常用金属，可采用精密型数控车床，按粗车、半精车、精车、细车的方案加工。

（3）加工精度为 IT5 级、$Ra<0.2\mu m$ 的除淬火钢以外的常用金属，可采用高档精密型数控车床，按粗车、半精车、精车、精密车的方案加工。

（4）对淬火钢等难车削材料，淬火前可采用粗车、半精车的方法，淬火后安排磨削加工。

3.3.6 精加工余量

1. 精加工余量的概念

精加工余量是指精加工过程中，所切去的金属层厚度。通常情况下，精加工余量由精加工一次切削完成。

加工余量有单边余量和双边余量之分。轮廓和平面的加工余量指单边余量，它等于实际切削的金属层厚度。而对于一些内圆和外圆等回转体表面，加工余量有时指双边余量，即以直径方向计算，实际切削的金属层厚度为加工余量的一半。

2. 精加工余量的影响因素

精加工余量的大小对零件加工的最终质量有直接影响。选取的精加工余量不能过大，也不能过小，余量过大会增加切削力、切削热的产生，进而影响加工精度和加工表面质量；余量过小则不能消除上道工序（或工步）留下的各种误差、表面缺陷和本工序的装夹误差，容易造成废品。因此，应根据影响余量大小的因素合理地确定精加工余量。

影响精加工余量大小的因素主要有两个，即上道工序（或工步）的各种表面缺陷、误差和本工序的装夹误差。

3. 精加工余量的确定方法

确定精加工余量的方法主要有以下三种。

1）经验估算法

经验估算法是凭工艺人员的实践经验估计精加工余量。为避免因余量不足而产生废品，所估余量一般偏大，仅用于单件小批量生产。

2）查表修正法

将工厂生产实践和试验研究积累的有关精加工余量的资料制成表格，并汇编成手册。确定精加工余量时，可先从手册中查得所需数据，然后再结合工厂的实际情况进行适当修正。这种方法目前应用最广。

3）分析计算法

采用分析计算法确定精加工余量时，需运用计算公式和一定的试验资料，对影响精加工余量的各项因素进行综合分析和计算来确定其精加工余量。用这种方法确定的精加工余量比较经济合理，但必须有比较全面和可靠的试验资料，目前，只在材料十分贵重，以及军工生产或少数大量生产的工厂中采用。

3.4 数控车削刀位点、对刀点及换刀点的确定

3.4.1 刀位点

所谓刀位点是指加工和编制程序时，用于表示刀具特征的点，也是对刀和加工的基准点。车刀与镗刀的刀位点，通常是指刀具的刀尖；钻头的刀位点通常指钻尖。如图 3-4 所示的为常见刀位点。

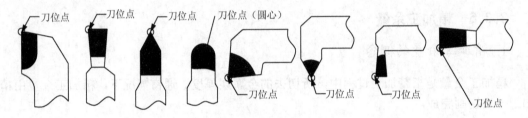

图 3-4 常见刀位点

刀具相对工件的进给运动中，工件轮廓的形成往往是由刀具上的特征点直接决定的，如外圆车刀的刀尖点的位置决定工件的直径，端面车刀的刀尖点的位置决定工件的被加工端面的轴向位置，钻削时，刀具的刀尖中心点代表刀具钻入工件的深度，圆弧形车刀的圆弧刃的圆心距加工轮廓总是一个刀具半径值，用这些点可表示刀具实际加工时的具体位置。选择刀具的这些点作为代表刀具车削加工运动的特征点，称为刀具刀位点。

刀具刀位点并不在刀具上，而是刀具外的一个点，我们可称之为假想的刀尖，其位置是由对刀的方法和特点决定的，如图 3-5 所示。

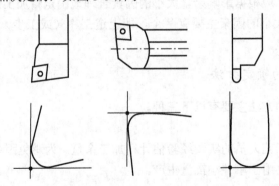

图 3-5 刀位点并不在刀具上的刀

3.4.2 对刀点

对刀点是刀具相对工件运动的起点，在程编时不管实际上是刀具相对工件移动，还是工件相对刀具移动，都是把工件看作静止的而刀具在运动，因此常把对刀点称为程序原点，也称工件编程原点，即工件原点。

1. 对刀的原则

对刀点的选择应遵循"找正和编程容易、对刀误差小、检查方便"的原则。在实际生产中，对刀误差可以通过试切加工进行调整。对刀点即工件原点选定后，即确定了机床坐标系和工件坐标系之间的相互位置关系。在选取对刀点的时候应注意以下的原则。

（1）为提高零件的加工精度，减少对刀误差，对刀点应尽量选在零件的设计基准或工艺基准上，例如，以孔定位的零件，应将孔的中心作为对刀点；对车削加工，则通常将对刀点设在工件外端面的中心上。

（2）考虑对刀点在机床上对刀方便、便于观察和检测，便于用常规量具在车床上进行找正。

（3）编程时便于数学处理和有利于简化编程，并使该点的对刀误差较小，或可能引起的加工误差为最小。

（4）尽量使加工程序中的引入或返回路线短，并便于换刀。

（5）对刀点可选在零件上，也可选在夹具或机床上。若选在夹具或机床上，则必须与工件的定位基准有一定的尺寸联系。

（6）对刀时，应使"刀位点"与"对刀点"重合。对刀的准确程度直接影响加工精度，不同刀具的刀位点是不同的。

（7）由于数控车床是多刀加工数控机床，因加工过程中要进行换刀，故编程时应考虑不同工序间的换刀位置，设置换刀点。为避免换刀时刀具与工件及夹具发生干涉，换刀点应设在工件外合适的位置。

2. 对刀的方法

对刀是指执行加工程序前，调整刀具的刀位点，使其尽量重合于某一理想基准点的过程。理想基准点可以设定在基准刀的刀尖上或光学对刀镜内的十字刻线交点上。对刀的目的是告诉数控系统工件在机床坐标系中的位置，实际上是将工作原点（编程零点）在机床坐标系中的位置坐标值预存到数控系统。对刀的基本方法有以下几种。

（1）定位对刀法。定位对刀法其实质是按接触式设定基准重合原理而进行的一种粗定位对刀方法，它的定位基准由预设的对刀基准点来体现。对刀时，将各号刀的刀位点调整至与对刀基准点重合即可。此方法简便、易行，精度不太高，应用广泛。

（2）光学对刀法。光学对刀法其实质是按非接触式设定基准重合原理而进行的一种定位对刀方法，它的定位基准通常由光学显微镜（或投影放大镜）上的十字基准刻线交点来体现。此方法精度高，不会损坏刀尖。

（3）ATC 对刀法。ATC 对刀法是通过一套将光学对刀镜与 CNC 组合在一起，从而具有自动刀位计算功能的对刀装置，也称为半自动对刀法。对刀时，需要将由显微镜十字刻线交点体现的对刀基准点调整到机车的固定原点位置上，以便于 CNC 进行计算和处理。

以上三种对刀方法，由于手动和目测等多种误差的影响，对刀精度十分有限。

（4）试切对刀法。通过试切对刀，其对刀精度更加准确，结果更为可靠，实际生产中广泛采用。

3.4.3　换刀点

换刀点是指在加工过程中，自动换刀装置的换刀位置。换刀点的位置应保证刀具转位时不碰撞被加工零件或夹具，一般可设置在对刀点。其设定值可用实际测量方法或计算确定。通常采用保证不干涉的前提下就近换刀。

3.5　数控车削进给路线的确定

刀具刀位点相对于工件的运动轨迹和方向称为进给路线，即刀具从对刀点开始运动起直至加工结束所经过的路径，包括切削加工的路径及刀具切入、切出等切削空行程。在数控车削加工中，因精加工的进给路线基本上都是沿零件轮廓的顺序进行，因此确定进给路线的工作重点主要在于确定粗加工及空行程的进给路线。

3.5.1　确定进给路线的主要原则

（1）首先按已定的工步顺序确定各表面加工进给路线的顺序。

（2）所定进给路线（加工路线）应能保证零件轮廓表面加工后的精度和粗糙度要求。按照零件图纸要求。

（3）寻求最短加工路线（包括空行程路线和切削路线），减少行走时间以提高加工效率。

（4）要选择零件在加工时变形小的路线，对横截面积小的细长零件或薄壁零件应采用分几次走刀加工到最后尺寸或对称去余量法安排进给路线。

（5）简化数值计算和减少程序段，减小编程工作量。

（6）据工件的形状、刚度、加工余量和机床系统的刚度等情况，确定循环加工次数。循环即分几次走刀加工。

（7）合理设计刀具的切入与切出的方向。采用单向趋近定位方法，避免传动系统反向间隙而产生的定位误差。

确定进给路线的工作重点，主要在于确定粗加工及空行程的进给路线，因精加工切削过程的进给路线基本上都是沿零件轮廓顺序进行的。

3.5.2　确定粗加工进给路线

1．常用的粗加工进给路线

（1）沿轮廓形状等距线循环进给路线。图 3-6（a）所示为利用数控系统具有的封闭式复合循环功能控制车刀沿着零件轮廓等距线循环进给路线。该循环进给路线与轮廓相仿，进行切削走刀的对应指令为 G73。

（2）"三角形"循环进给路线。图 3-6（b）所示为利用数控系统具有的三角形循环功能安排的"三角形"循环进给路线。该循环进给路线用直线靠近轮廓，进行切削走刀对应的指令为 G01。

（3）"矩形"循环进给路线。图 3-6（c）所示为利用数控系统具有的矩形循环功能安排的"矩形"循环进给路线。该循环进给路线平行于水平轴，进行切削走刀对应的指令为 G71。

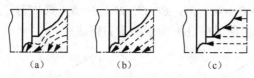

图 3-6　常用的粗加工进给路线

（4）阶梯切削路线。如图 3-7 所示为车削大余量工件的两种加工路线，其中（a）图是错误的阶梯切削路线，（b）图按 1→5 的顺序切削，每次切削所留余量相等，是正确的阶梯切削路线。因为在同样背吃刀量的条件下，按图 3-7（a）的方式加工所剩的余量过多。

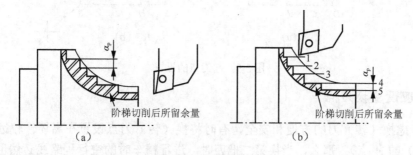

图 3-7　阶梯切削路线

（5）双向切削进给路线。利用数控车床加工的特点，还可以放弃常用的阶梯车削法，改用轴向和径向联动双向进刀，顺工件毛坯轮廓进给的路线，如图 3-8 所示。

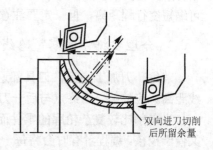

图 3-8　双向切削进给路线

2. 最短的粗加工切削进给路线

为了有效地提高生产效率，降低刀具的损耗，应使切削进给路线最短。安排切削进给路线时要兼顾被加工零件的刚性及加工的工艺性等要求。对以上几种切削进给路线，经分析和判断后可知矩形循环进给路线的进给长度总和最短。因此，在同等条件下，其切削所需时间（不含空行程）最短，刀具的损耗最少，为常用粗加工切削进给路线，但也有粗加工后的精车余量不够均匀的缺点，所以一般需安排半精加工。

3.5.3　确定最短的空行程路线

在保证加工质量的前提下，使加工程序具有空行程最短的进给路线，不仅可以节省整个加工过程的执行时间，还能减少机床进给机构滑动部件的磨损等。设计方法及思路如下所示。

1. 合理设置起刀点

图 3-9（a）为采用矩形循环方式进行粗车的一般情况示例。起刀点 A 的设定考虑在精车等加工过程中需方便的换刀，设置在离坯件较远的位置处，同时将起刀点与对刀点重合，按三刀粗车的走刀路线安排如下。第一刀：$A→B→C→D→A$，第二刀：$A→E→F→G→A$，

第三刀：$A \rightarrow H \rightarrow I \rightarrow J \rightarrow A$。

图 3-9（b）将起刀点与对刀点分离，设定为 B 点，其走刀路线安排如下。起刀点与对刀点分离的空行程为 $A \rightarrow B$，第一刀：$B \rightarrow C \rightarrow D \rightarrow E \rightarrow B$，第二刀：$B \rightarrow F \rightarrow G \rightarrow H \rightarrow B$，第三刀：$B \rightarrow I \rightarrow J \rightarrow K \rightarrow B$。显然图 3-9（b）所示的走刀路线短。

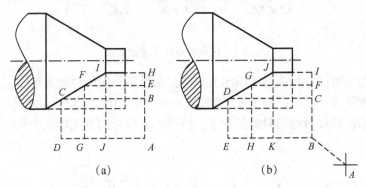

图 3-9　起刀点的设置

2. 合理设置换刀点

为了考虑换（转）刀的方便和安全，有时将换（转）刀点设置在离坯件较远的位置处（图 3-9（a）的 A 点）。那么，当换第二把刀时，进行精车时的空行程路线必然也较长。如果将第二把刀的换刀点也设置在图 3-9（b）中的 B 点上，（因工件已去掉一定的余量），则可缩短空行程距离，但一定要注意换刀过程中不能发生碰撞。

3. 合理安排"回零"路线

若每一刀加工完后，刀具都返回到对刀位置，再执行后续程序，这样则会增加走刀路线距离。应使前一刀终点与后一刀起点间的距离尽量减短或为零。

当车削比较复杂轮廓的零件而用手工编程时，为使其计算过程尽量简化，既不出错，又便于校核，编程者有时会将每一刀加工完后的刀具终点通过执行"回零"（即返回对刀点）指令返回到对刀点位置，然后再执行后续程序。这样会增加进给路线的距离，从而降低生产效率。因此，在合理安排"回零"路线时，应尽量缩短前一刀终点与后一刀起点间的距离，或者使其为零，即可满足进给路线为最短的要求。另外，在选择返回对刀点指令时，在不发生加工干涉现象的前提下，宜尽量采用 X、Z 坐标轴双向同时"回零"指令，则该指令功能的"回零"路线将是最短的。

3.5.4　精加工进给路线的确定

1. 最终轮廓的进给路线

在安排一刀或多刀进行的精加工进给路线时，其零件的最终轮廓应由最后一刀连续加工而成，并且加工刀具的进刀、退刀位置要考虑妥当，尽量不要在连续的轮廓中切入和切出或换刀及停顿，以免因切削力突然变化而造成弹性变形，致使光滑连接轮廓上产生表面划伤、形状突变或滞留刀痕等缺陷。

2. 换刀加工时的进给路线

换刀加工时的进给路线主要根据工步顺序要求决定各刀加工的先后顺序及各刀进给路线的衔接。

3. 切入、切出及接刀点位置的选择

切入、切出及接刀点应选在有空刀槽或表面间有拐点、转角的位置，而曲线要求相切或光滑连接的部位不能作为切入、切出及接刀点位置。数控车床车削端面加工路线如图 3-10 所示：$A{\rightarrow}B{\rightarrow}C{\rightarrow}O_p{\rightarrow}D$，其中 A 为换刀点，B 为切入点，$C{\rightarrow}O_p$ 为刀具切削轨迹，O_p 为切出点，D 为退刀点。

数控车床车削外圆的加工路线如图 3-11 所示：$A{\rightarrow}B{\rightarrow}C{\rightarrow}D{\rightarrow}E{\rightarrow}F$，其中 A 为换刀点，B 为切入点，$C{\rightarrow}D{\rightarrow}E$ 为刀具切削轨迹，E 为切出点，F 为退刀点。

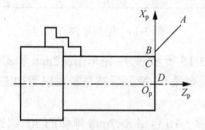

图 3-10 数控车床车削端面路线

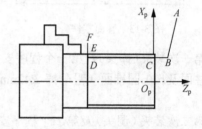

图 3-11 数控车床车削外圆路线

在数控机床上进行加工时，要安排好刀具的切入、切出路线，尽量使刀具沿轮廓的切线方向切入、切出。尤其是加工车螺纹时，必须设置升速段 L1 和降速段 L2，避免因车刀升降速而影响螺距的稳定，如图 3-12 所示。

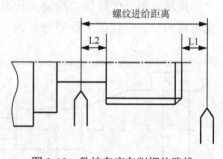

图 3-12 数控车床车削螺纹路线

4. 各部位精度要求不一致的精加工进给路线

若各部位精度相差不是很大时，应以最严的精度为准，连续走刀加工所有部位；若各部位精度相差很大，则精度接近的表面安排在同一把刀走刀路线内加工，并先加工精度较低的部位，最后再单独安排精度高的部位的走刀路线。

3.5.5 特殊的进给路线

考虑到数控加工毕竟不同于普通切削加工，所以有时还需要做一些特殊处理。

1. 先精后粗

如图 3-13 所示，若安排走刀路线为 $\phi81mm{\rightarrow}\phi72mm{\rightarrow}\phi53mm$，则加工基准将由第一个台阶孔（$\phi81mm$）来体现，对刀时也以其为参考。由于 $\phi52mm$ 孔要求与滚动轴承形成过渡配合，其尺寸要求较严（IT7），该孔位置较深，车床纵向长丝杠在该加工段区域可能产生误差，刀尖在切削过程中也可产生磨损，尺寸精度难以保证。所以安排 $\phi53mm$ 孔为加工（兼

对刀）的基准，按 ϕ53mm→ϕ72mm→ϕ81mm 安排走刀路线，保证其尺寸公差要求。

2. 分序加工

如图 3-14 所示手柄零件，批量加工时，所用坯料为 ϕ32mm 棒材，加工方案采用两次装夹，三个程序进行安排。

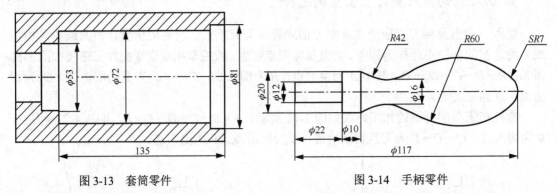

图 3-13　套筒零件　　　　　　　　　图 3-14　手柄零件

第一次装夹（棒头）及第一个程序安排加工如图 3-15 所示部分：先车削 ϕ12mm 和 ϕ20mm 两圆柱面及 ϕ20 圆锥面（粗车掉 R42mm 圆弧的部分余量），换刀后按总长要求留加工余量切断。

第二次装夹（调头）及第二个程序安排加工，如图 3-16 包络 SR7mm 球面的 30° 圆锥面，对圆弧面半精车（留精车余量）。

换精车后，保持第二次装夹状态，按第三个程序安排将全部圆弧表面一刀精车而成形。也可将第二、三次加工程序合并为一个程序连续执行。

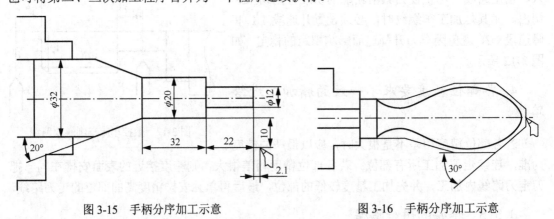

图 3-15　手柄分序加工示意　　　　　　图 3-16　手柄分序加工示意

3. 巧用切断（槽）刀

对切断面带一倒角要求的零件（如图 3-17（a）），为便于切断并避免调头倒角，可用切断刀同时完成车倒角和切断两个工序。图 3-17（b）表示用切断刀先按 4mm×ϕ26mm 工序尺寸安排车槽。图 3-17（c）表示倒角时，切断刀刀位点的起、止位置。图 3-17（d）表示切断时，切断刀刀位点的起、止位置。

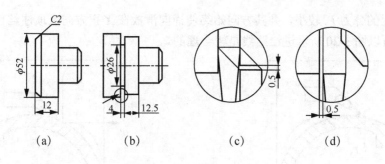

(a)　　　　　　(b)　　　　　　(c)　　　　　　(d)

图 3-17　切断面带一倒角

4. 断屑处理

可采用改变刀具切削部分的几何角度、增加断屑器和通过编程技巧以满足加工中的断屑要求。

1）连续进行间隔式暂停

对连续运动轨迹进行分段加工，每相邻加工工段中间用 G04（延时暂停）指令功能将其隔开并设定较短的间隔时间（0.5s）。其分段多少，视断屑要求而定。

2）进、退刀交替安排

在钻削深孔等加工中，可通过工序使钻头钻入材料内一段并经短暂延时后，快速退出坯件后再钻进一段，并以此循环，以满足断屑、排屑的要求。

5. 进给方向的特殊安排

在数控车削加工中，一般情况下，Z 坐标轴方向的进给运动都是沿着负方向进给的，但有时按这种方式安排进给路线并不合理，甚至可能车坏零件。

如图 3-18 所示零件加工时，当采用尖头车刀加工大圆弧外表面时，有两种不同的进给路线，其结果大不相同。

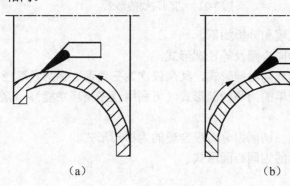

（a）　　　　　　　　　　　　（b）

图 3-18　不同的进刀方向

如图 3-18（a）所示的进刀方法（负 Z 向走向），因切削时车刀的主偏角为 100°～105°，切削力在 X 轴上的分力 P_x 较大，并沿图 3-19 所示的 X 正方向作用，由于切削时机械传动间隙的影响，刀尖运动到圆弧的四分点处（负 X、负 Z 转变为正 X、正 Z 时），P_x 会使刀尖嵌入零件表面，导致横向滑板产生严重爬行现象。

如图 3-18（b）所示的进刀方法，因切削时车刀的主偏角为 10°～15°，切削力在如图 3-19

所示的 X 轴上的分力 P_x 较小，并其方向始终使横向滑板在 X 正方向上顶住丝杠，不会产生爬行现象。所以图 3-20 所示进给路线是较合理的。

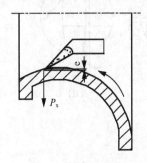
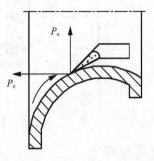

图 3-19　嵌刀现象　　　　　　　　　　图 3-20　合理的进刀方案

6. 灵活选用不同形式的切削路线

如图 3-21 所示为切削半弧凹表面时的几种常用路线。

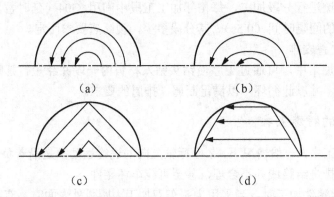

（a）同心圆形式；（b）等径圆弧（不同心）形式；（c）三角形形式；（d）梯形形式

图 3-21　切削路线的形式

对以上走刀路线的比较和分析如下。

（1）程序段最少的为同心圆及等径圆形式。

（2）走刀路线最短的为同心圆形式，其余依次为三角形、梯形及等径圆形式。

（3）计算和编程最简单的为等径圆形式（可利用程序循环功能），其余依次为同心圆、三角形、梯形形式。

（4）金属切除率最高、切削力分布最合理的为梯形形式。

（5）精车余量最均匀的为同心圆形式。

3.6　数控车削切削用量及切削液的选用

3.6.1　切削用量三要素

切削用量是表示主运动及进给运动参数的数量，是切削速度 v_c、进给量 f 和背吃刀量 α_p 三者的总称。它是调整机床，计算切削力、切削功率和工时定额的重要参数，如图 3-22 所示。

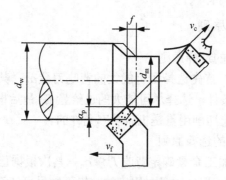

图 3-22 切削用量三要素

1. 切削速度 v_c

切削刃上选定点相对工件的主运动的瞬时速度称为切削速度 v_c，单位为 m/s。当主运动为旋转运动时，其计算公式为：

$$v_c = \frac{\pi dn}{1000}$$

式中 d——切削刃上选定点所对应的工件或刀具的直径，单位为 mm；

n——主运动的转速，单位为 r/s。

显然，当转速 n 一定时，选定点不同，切削速度不同。实际生产中考虑刀具的磨损和切削功率等原因，确定切削速度 v_c 时，一律以刀具或工件进入切削状态的最大直径作为计算依据。

2. 进给量 f

刀具在进给运动方向上相对于工件的位移量，可用刀具或工件每转（主运动为旋转运动时）或每行程（主运动为直线运动时）的位移量来表达和测量，单位为 mm/r 或 mm/行程。

切削刃上选定点相对工件的进给运动的瞬时速度称为进给速度 v_f，单位为 mm/s。它与进给量之间的关系为：

$$v_f = nf = nf_z z$$

3. 背吃刀量（切削深度）α_p

背吃刀量是在与主运动和进给运动方向相垂直的方向上测量的已加工表面与待加工表面之间的距离，单位为 mm。

3.6.2 切削用量的选择

切削用量的大小对切削力、切削功率、刀具磨损、加工质量、生产率和加工成本等均有显著的影响。在切削加工中，车削用量（α_p、f、v）选择是否合理，对于能否充分发挥机床潜力与刀具切削性能，实现优质、高产、低成本和安全操作具有很重要的作用。采用不同的切削用量会得到不同的切削效果，为此必须合理选择切削用量。所谓合理选择切削用量，是指在保证工件加工质量和刀具耐用度的前提下，充分发挥机床、刀具的切削性能，使生产率最高，生产成本最低。

1. 切削用量的选择原则

1）粗加工时切削用量的选择原则

根据工件的加工余量，首先选择尽可能大的背吃刀量 α_p；其次根据机床进给系统及刀杆的强度、刚度等的限制条件，选择尽可能大的进给量 f；最后根据刀具耐用度确定最佳的切削速度 v_c，并且校核所选切削用量是机床功率允许的。

2）精加工时切削用量的选择原则

首先根据粗加工后的加工余量确定背吃刀量 α_p；其次根据已加工表面粗糙度的要求，选取较小的进给量 f；最后在保证刀具耐用度的前提下，尽可能选择较高的切削速度 v_c，并校核所选切削用量是机床功率允许的。

2. 切削用量的选择方法

1）背吃刀量 α_p

背吃刀量 α_p 应根据加工余量确定。粗加工时应尽量用一次走刀切除全部加工余量。当加工余量过大、机床功率不足、工艺系统刚度较低、刀具强度不够、断续切削及切削时冲击振动较大时，可分几次走刀。切削表面层有硬皮的铸、锻件时，应尽量使背吃刀量大于硬皮层的厚度，以保护刀尖。

半精加工和精加工的加工余量一般较小，可一次切除。当为保证工件的加工质量时，也可二次走刀。

多次走刀时，应将第一次的背吃刀量取大些，一般为总加工余量的 2/3～3/4。在中等切削功率的机床上，粗加工背吃刀量可达 8～10mm，半精加工背吃刀量可取 0.5～2mm，精加工背吃刀量可取为 0.1～0.4mm。

2）进给量 f

粗加工时，由于对工件表面质量没有太高的要求，这时主要考虑机床进给系统，以及刀杆的强度和刚度等限制因素，在工艺系统的强度、刚度允许的情况下，可选用较大的进给量，可根据工件材料、刀杆尺寸、工件直径和已确定的背吃刀量查阅切削用量等相关手册确定。

半精加工和精加工时，由于进给量对工件的已加工表面粗糙度影响较大，进给量取的比较小，通常按照工件的表面粗糙度值要求，可根据工件材料、刀尖圆弧半径、切削速度等条件查阅切削用量等相关手册来选择进给量。

3）切削速度 v_c

根据已选定的背吃刀量、进给量，按照一定刀具耐用度下允许的切削速度公式来确定切削速度。粗加工时，背吃刀量和进给量都较大，切削速度受刀具耐用度和机床功率的限制，一般较低。精加工时，背吃刀量和进给量都取得较小，切削速度主要受加工质量和刀具耐用度影响，一般较高。

在选择切削速度时，还应考虑工件材料强度、刚度及工件的切削加工性等因素的影响。

（1）应尽量避开积屑瘤产生的切削速度区域。

（2）断续切削、加工大件、细长件、薄壁工件时应选用较低的切削速度。

（3）加工合金钢、高锰钢、不锈钢等材料的切削速度应比加工普通中碳钢的切削速度低 20%～30%。

（4）在易发生振动的情况下，切削速度应避开自激振动的临界速度。

（5）加工带外皮的工件时，应适当降低切削速度。

表 3-1 是推荐的切削用量数据，供参考。

表 3-1 数控车削用量推荐表

工件材料	加工方式	背吃刀量/mm	切削速度/（m/min）	进给量/（mm/r）	刀具材料
碳素钢 σ_b>600 MPa	粗加工	5～7	60～80	0.2～0.4	YT 类
	粗加工	2～3	80～120	0.2～0.4	
	精加工	0.2～0.3	120～150	0.1～0.2	
	车螺纹		70～100	导程	
	钻中心孔		500～800 r/min		W18Cr4V
	钻 孔		25～30	0.1～0.2	
	切断（宽度<5 mm）		70～110	0.1～0.2	YT 类
合金钢 σ_b=1470 MPa	粗加工	2～3	50～80	0.2～0.4	YT 类
	精加工	0.1～0.15	60～100	0.1～0.2	
	切断（宽度<5 mm）		40～70	0.1～0.2	
铸 铁 200 HBS 以 下	粗加工	2～3	50～70	0.2～0.4	YG 类
	精加工	0.1～0.15	70～100	0.1～0.2	
	切断（宽度<5 mm）		50～70	0.1～0.2	
铝	粗加工	2～3	600～1000	0.2～0.4	YG 类
	精加工	0.2～0.3	800～1200	0.1～0.2	
	切断（宽度<5 mm）		600～1000	0.1～0.2	
黄铜	粗加工	2～4	400～500	0.2～0.4	YG 类
	精加工	0.1～0.15	450～600	0.1～0.2	
	切断（宽度<5 mm）		400～500	0.1～0.2	

总之，粗车时，首先考虑选择尽可能大的背吃刀量 α_p，其次选择较大的进给量 f，最后确定一个合适的切削速度 v。增大背吃刀量 α_p 可使走刀次数减少，增大进给量 f 有利于断屑。精车时，加工精度和表面粗糙度要求较高，加工余量不大且较均匀，因此选择精车的切削用量时，应着重考虑如何保证加工质量，并在此基础上尽量提高生产率。因此，精车时应选用较小（但不能太小）的背吃刀量 α_p 和进给量 f，并选用性能高的刀具材料和合理的几何参数，以尽可能提高切削速度 v。此外，在安排粗、精车削用量时，应注意机床说明书给定的允许切削用量范围，对于主轴采用交流变频调速的数控车床，由于主轴在低速时输出力矩降低，尤其注意此时的切削用量选择。选择切削用量时应注意以下几个问题。

（1）主轴转速。主轴转速应根据零件上被加工部位的直径，并按零件和刀具的材料及加工性质等条件所允许的切削速度来确定。切削速度除了计算和查表选取外，还可根据实践经验确定，需要注意的是交流变频调速数控车床低速输出力矩小，因而切削速度不能太低。根据切削速度可以计算出主轴转速。

（2）车螺纹时的主轴转速。数控车床加工螺纹时，因其传动链的改变，原则上其转速只要能保证主轴每转一周时，刀具沿主进给轴（多为 Z 轴）方向位移一个螺距即可。

在车削螺纹时，车床的主轴转速将受到螺纹的螺距 P（或导程）大小、驱动电机的升降频特性，以及螺纹插补运算速度等多种因素的影响，故对于不同的数控系统，推荐不同的主轴转速选择范围。大多数经济型数控车床推荐车螺纹时的主轴转速 n（r/min）为：

$$n \leqslant (1200/P) - k$$

式中　P——被加工螺纹螺距，mm；

　　　k——保险系数，一般取为 80。

数控车床车螺纹时，会受到以下几方面的影响。

① 螺纹加工程序段中指令的螺距值，相当于以进给量 f(mm/r)表示的进给速度 v_f。如果将机床的主轴转速选择过高，其换算后的进给速度 v_f(mm/min)则必定大大超过正常值。

② 刀具在其位移过程的始终，都将受到伺服驱动系统升降频率和数控装置插补运算速度的约束，由于升降频率特性满足不了加工需要等原因，则可能因主进给运动产生出的"超前"和"滞后"而导致部分螺牙的螺距不符合要求。

③ 车削螺纹必须通过主轴的同步运行功能而实现，即车削螺纹需要有主轴脉冲发生器（编码器），当其主轴转速选择过高，通过编码器发出的定位脉冲（即主轴每转一周时所发出的一个基准脉冲信号）将可能因"过冲"（特别是当编码器的质量不稳定时）而导致工件螺纹产生乱纹（俗称"乱扣"）。

3.6.3　切削液的选择

在切削金属过程中，合理选择切削液，可以改善工件与刀具间的摩擦状况，降低切削温度和切削力，减轻刀具磨损，减少工件的热变形，从而可以提高刀具耐用度，提高加工效率和加工质量。

1. 切削液的作用

1）冷却作用

切削液可以将切削过程中产生的热量迅速地从切削区带走，使切削区温度降低。切削液的流动性越好，比热、导热系数和汽化热等参数越高，则其冷却性能越好。

2）润滑作用

切削液能在刀具的前、后刀面与工件之间形成一层润滑薄膜，可减少避免刀具与工件或切屑间的直接接触，减轻摩擦和黏结程度，因而可以减轻刀具的磨损，提高刀具表面的加工质量。

为保证润滑作用的实现，要求切削液能够迅速渗入刀具与工件或切屑的接触界面，形成牢固的润滑油膜，使其不至于在高温、高压及剧烈摩擦的条件下被破坏。

3）清洗作用

在切削过程中，会产生大量切屑、金属碎片和粉末，特别是在磨削过程中，砂轮上的沙粒会随时脱落和破碎下来。使用切削液便可以及时将它们从刀具工件上冲洗下来，从而避免切屑黏附刀具、堵塞排屑和划伤已加工表面。这一作用对于磨削、螺纹加工和深孔加工等程序尤为重要。为此，要求切削液有良好的流动性，并且在使用时有足够的压力和流量。

4）防锈作用

为了减轻工件、刀具和机床受周围介质（如空气、水分等）的腐蚀，要求切削液具有一定的防锈作用。防锈作用的好坏，取决于切削液本身性能和加入的防锈添加剂品种和比例。

2. 切削液的种类

常用的切削液分为三大类：水溶液、乳化液和切削油。

1）水溶液

水溶液是以水为主要成分的切削液。水的导热性很好，冷却效果好。但单纯的水容易使金属生锈，润滑作用差。因此，常在水溶液中加入一定的添加剂，如防锈添加剂、表面活性物质和油性添加剂等，使其既有良好的防锈功能，又具有一定的润滑性能。在配制水溶液时，要特别注意水质情况，如果是硬水，必须进行软化处理。

2）乳化液

乳化液是将乳化油用 95%～98%的水稀释而成，呈乳白色或半透明状的液体，具有良好的冷却作用。但润滑、防锈性能较差。实际使用中，常加入一定量的油性、极压添加剂和防锈添加剂，配制成极压乳化液或防锈乳化液。

3）切削油

切削油的主要成分是矿物油，少数采用动植物油或复合油。纯矿物油不能在摩擦界面形成坚固的润滑膜，润磨效果较差。实际使用中，常加入油性添加剂、极压添加剂和防锈添加剂，以提高润滑和防锈作用。

3. 切削液的作用

1）粗加工时切削液的选用

粗加工时，加工余量大，所用切削用量大，产生大量的切削热。采用高速钢刀具切削时，使用切削液的主要目的是降低切削温度，减小刀具磨损。硬质合金刀具耐热性好，一般不用切削液，必要时可采用低浓度的乳化液或水溶液。但必须连续、充分地浇注，以避免处于高温状态的硬质合金刀片产生巨大的内应力而出现裂纹。

2）精加工时切削液的选用

精加工时，要求表面粗糙值较小，一般选用润滑性能较好的切削液，如高浓度的乳化液或含极压添加剂的切削油。

3）根据工件材料的性质选用切削液

切削塑性材料时需用切削液。切削铸铁、黄铜等脆性材料时，一般不用切削液，以免崩碎切屑黏附在机床的运动部件上；加工高强度钢、高温合金等难加工材料时，由于切削加工处于极压润滑摩擦状态，故应选用含极压添加剂的切削液；切削有色金属和铜、铝合金时，为了得到较高的表面质量和精度，可采用 10%～20%的乳化液、煤油或煤油与矿物油的混合物。但不能用含硫的切削液，因硫对有色金属有腐蚀作用；切削镁合金时，不能用水溶液，以免燃烧。

综上所述，正确选用切削油，可以在减少切削热和加强热传散两个方面抑制切削温度的升高，从而提高刀具耐用度和工件已加工表面质量。实践证明，合理使用切削液是提高金属切削加工效益既经济又简便的有效途径。

3.7 数控加工工艺文件

编写数控加工工艺文件是数控加工工艺设计的内容之一。这些工艺文件既是数控加工和产品验收的依据，也是操作者要遵守和执行的规程，同时还是以后产品零件加工生产在技术上工艺资料的积累和储备。它是编程员在编制数控加工程序单时做出的相关技术文件。不同的数控机床和加工要求，工艺文件的内容和格式有所不同，因目前尚无统一的国家标准，各企业可根据自身特点制定出相应的工艺文件。下面介绍企业中应用的几种主要工艺文件。

3.7.1 数控加工工序卡

数控加工工序卡与普通加工工序卡有较大区别。

数控加工一般采用工序集中，每一加工工序可划分为多个工步，工序卡不仅应包含每一工步的加工内容，还应包含其程序段号、所用刀具类型及材料、刀具号、刀具补偿号及车削用量等内容。它不仅是编程人员编制程序时必须遵循的基本工艺文件，同时也是指导操作人员进行数控机床操作和加工的主要资料。

不同的数控机床，数控加工工序卡可采用不同的格式和内容。表 3-2 是数控车床加工工序卡的一种格式。

表 3-2　数控车床加工工序卡

数控加工工序卡								
零件号		零件名称			编制		审核	
程序号					日期		日期	
工步号	程序段号	工步内容	使用刀具名称			车削用量		
			刀具号	刀长补偿	半径补偿	S 功能	F 功能	切深
	N__					$v=$__	$f=$__	
			T__	H__	D__	S__	F__	
	N__					$v=$__	$f=$__	
			T__	H__	D__	S__	F__	
	N__					$v=$__	$f=$__	
			T__	H__	D__	S__	F__	
	N__					$v=$__	$f=$__	
			T__	H__	D__	S__	F__	
	N__					$v=$__	$f=$__	
			T__	H__	D__	S__	F__	
	N__					$v=$__	$f=$__	
			T__	H__	D__	S__	F__	
	N__					$v=$__	$f=$__	
			T__	H__	D__	S__	F__	
	N__					$v=$__	$f=$__	
			T__	H__	D__	S__	F__	

续表

工步号	程序段号	工步内容	使用刀具名称			车削用量		
			刀具号	刀长补偿	半径补偿	S 功能	F 功能	切深
	N__					$v=$__	$f=$__	
			T__	H__	D__	S__	F__	
	N__					$v=$__	$f=$__	
			T__	H__	D__	S__	F__	

3.7.2 数控加工刀具卡

数控加工刀具卡主要反映所用刀具的名称、编号、规格、长度和半径补偿值，以及所用刀柄的型号等内容，它是调刀人员准备和调整刀具、机床操作人员输入刀补参数的主要依据。表 3-3 是数控车床加工刀具卡的一种格式。

表 3-3　数控车床加工刀具卡

数控加工刀具卡							
零件号			零件名称		编制		审核	
程序号					日期		日期	
工步号	刀具号	刀具型号	刀柄型号		刀长及半径补偿量		备注
	T__				H__=_____		
					D__=_____		
	T__				H__=_____		
					D__=_____		
	T__				H__=_____		
					D__=_____		
	T__				H__=_____		
					D__=_____		
	T__				H__=_____		
					D__=_____		
	T__				H__=_____		
					D__=_____		
	T__				H__=_____		
					D__=_____		
	T__				H__=_____		
					D__=_____		
	T__				H__=_____		
					D__=_____		
	T__				H__=_____		
					D__=_____		
	T__				H__=_____		
					D__=_____		
	T__				H__=_____		
					D__=_____		

3.7.3 数控加工走刀路线图

一般用数控加工走刀路线图反映刀具进给路线，该图应准确描述刀具从起刀点开始，直到加工结束返回终点的轨迹。它不仅是程序编制的基本依据，同时也便于机床操作者了解刀具运动路线（如从哪里进刀，从哪里抬刀等），计划好夹紧位置及控制夹紧组件的高度，以避免碰撞事故发生。走刀路线图一般可用统一约定的符号来表示（如用虚线表示快速进给，实线表示切削进给等），不同的机床可以采用不同的图例与格式，如表 3-4 所示。

表 3-4 数控加工走刀线路图

数控加工走刀路线图		零件图号	
机床型号	程序段号	加工内容	
程序号	工序号	工步号	

符号	⊙	⊗	◗	- - ▶	──▶	编 制	
含义	换刀点	循环点	编程原点	快速	进给	审 核	
符号	⤙					批 准	
含义	走刀线相交					共 页	第 页

3.7.4 数控加工程序单

数控加工程序单是编程人员根据工艺分析情况，经过数值计算，按照数控机床的程序格式和指令代码编制的。它是记录数控加工工艺过程、工艺参数、位移数据的清单，以及手动数据输入、实现数控加工的主要依据，同时可帮助操作人员正确理解加工程序内容。不同的数控机床、不同的数控系统，数控加工程序单的格式也不同。表 3-5 是 FANUC 系统数控车床加工程序单的格式。

表 3-5 数控加工程序单

数控加工程序单																
零件号		零件名称			编制				审核							
程序号					日期				日期							
N	G	X	Y	Z	I	J	K	R	F	M	S	T	H	P	Q	备注

3.7.5 数控加工工艺文件综合卡

数控加工工艺文件综合卡集成了上述四类工艺文件，通常在学校实习工厂里面使用。表 3-6 是 FANUC 系统数控车床数控加工工艺文件综合卡。本书的加工实例采用的就是这一种卡片。

表 3-6 数控加工工艺文件综合卡

数控加工工艺文件			零件名称		零件图号	
工艺序号	程序编号	夹具名称	夹具编号	使用设备	车 间	
工步号	工步内容（加工面）		刀具号	刀具规格	主轴转速（r/min）	进给速度（mm/r）	备注
编制		审核		批准		共__页 第__页

思考与练习

1. 常见的数控车床的加工对象有哪些？

2. 数控加工工艺的基本特点是什么？数控车削加工工艺过程是什么？

3. 数控车削的加工阶段是如何划分的？加工工序的划分原则什么？

4. 制定零件数控车削加工工序顺序需遵循哪些原则？

5. 数控车削加工方法及加工方案有哪些？

6. 精加工余量的确定方法有哪些？

7. 数控车床的对刀原则是什么？

8. 确定进给路线的主要原则有哪些？

9. 常用的粗加工进给路线有哪些？如何确定最短的空行程路线？

10. 精加工进给路线的确定原则是什么？

11. 在选择切削用量时，应考虑哪些因素？这些因素对切削用量有何影响？

12. 加工阶段的划分为几个阶段？划分加工阶段的目的是什么？

第4章　数控车床编程基础

学习目标

- ❖ 了解数控编程的定义、编程的分类、手工编程的内容与步骤、编程的特点。
- ❖ 掌握机床坐标系、工件坐标系、坐标原点、编程原点的联系及区别。
- ❖ 掌握数控加工程序的格式与组成，了解数控机床的有关功能与规则。
- ❖ 掌握数控系统常用的功能指令及 FANUC 系统固定循环功能。
- ❖ 掌握刀尖圆弧半径补偿的应用，以及刀具磨损偏置及应用。

教学导读

数控车削是机械加工中最常用和最主要的数控加工方法之一。想要充分发挥数控车床的特点，实现数控加工中的优质、高产、低耗，编程是关键，而在编制数控车床程序过程中，编程思想是关键中的关键，故在编制程序前必须有一个清晰的编程思想。

所谓编程思想，就是对于一个待加工零件或者图纸，编程人员对其进行分析、计算，然后正确地编制出数控程序的一个过程，这其中包含对零件的工艺分析、对加工路线的分析，以及对相应坐标的计算等。编程思想是一个编程人员应具备的素质和能力，也是编制程序的基础。在数控编程的学习过程中，一些学生能够编制简单的直线、圆弧类零件，但是对于复杂的零件却无从下手，或者更换一个零件，就不知道如何下手，在编写的时候思路混乱，想到一点就编写一点，思维跳跃性很大，没有一个比较连贯的思路，编写的程序也是漏洞百出，不合情理。究其原因，就是没有一个良好的编程习惯，没有形成一个正确的编程思想。

通过本章的学习，要求读者能够掌握 FANUC 系统数控车床基本编程指令的编程格式及其功能特点；能熟练掌握手工编程的步骤和基本方法；能熟练掌握刀尖圆弧半径补偿的应用，以及刀具磨损偏置及应用。要求养成良好的编程习惯，提高编程效率与准确度。

教学建议

（1）授课教师一定要解释清楚机床坐标系、工件坐标系、坐标原点、编程原点的联系及区别，这一点大部分学生都会混淆。

（2）授课教师一定要根据自己学校设备的具体情况，参照机床说明书介绍数控加工程序的格式与组成，以及数控机床的有关功能与规则。

（3）固定循环的格式都是大同小异的，所以只要牢记固定循环的典型格式就能达到事半功倍的效果。

（4）掌握刀尖圆弧半径补偿概念及其编程方法是解决一系列数控问题的捷径。

（5）建议多做该类课题的工艺分析、编程的练习，尤其是编程模拟训练，这样可以让学生熟悉程序。不要一开始就进行机床操作，这样容易发生安全事故。

（6）采用产教结合的方法来解决实习课题少的问题。

4.1　数控车床编程概述

4.1.1　数控编程的定义

为了使数控机床能根据零件加工的要求进行动作，必须将这些要求以机床数控系统能识别的指令形式告知数控系统，这种数控系统可以识别的指令称为程序，制作程序的过程称为数控编程。

数控编程的过程不仅单指编写数控加工指令代码的过程，还包括从零件分析到编写加工指令代码，再到制成控制介质，以及程序校核的全过程。在编程前首先要进行零件的加工工艺分析，确定加工工艺路线、工艺参数、刀具的运动轨迹、位移量、切削用量（切削速度、进给量、背吃刀量），以及各项辅助功能（换刀、主轴正反转、切削液开关等）；接着根据数控机床规定的指令代码及程序格式编写加工程序单；然后再把这一程序单中的内容记录在控制介质上（如软磁盘、移动存储器、硬盘），检查正确无误后采用手工输入方式或计算机传输方式输入数控机床的数控装置中，从而指挥机床加工零件。

4.1.2　数控编程的分类

数控编程可分为手工编程和自动编程两种。

1. 手工编程

手工编程是指所有编制加工程序的全过程，即图样分析、工艺处理、数值计算、编写程序单、制作控制介质、程序校验都是由手工来完成。

手工编程不需要计算机、编程器、编程软件等辅助设备，只需要合格的编程人员即可完成。手工编程具有编程快速及时的优点，但其缺点是不能进行复杂曲面的编程。手工编程比较适合批量较大、形状简单、计算方便、轮廓由直线或圆弧组成的零件的加工。对于形状复杂的零件，特别是具有非圆曲线、列表曲线及曲面的零件，采用手工编程比较困难，最好采用自动编程的方法进行编程。

2. 自动编程

自动编程是利用计算机专用软件来编制数控加工程序。编程人员只需根据零件图样的要求，使用数控语言，由计算机自动进行数值计算及后置处理，编写出零件加工程序单，加工程序通过直接通信的方式送入数控机床，指挥机床工作。自动编程使得一些计算烦琐、手工编程困难或无法编出的程序能够顺利地完成。

自动编程的优点是效率高、程序正确性好。自动编程是由计算机代替人完成复杂的坐标计算和书写程序单的工作，它可以解决许多手工编制无法完成的复杂零件编程难题，但其缺点是必须具备自动编程系统或编程软件。自动编程较适合用于形状复杂零件的加工程序编制，如模具加工、多轴联动加工等场合。

采用 CAD/CAM 软件自动编程与加工的过程为：图纸分析、零件造型、生成刀具轨迹、后置处理生成加工程序、程序校验、程序传输并进行加工。

4.1.3 数控手工编程的内容与步骤

数控手工编程的步骤如图 4-1 所示，主要有以下几个方面的内容。

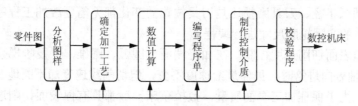

图 4-1 数控编程的步骤

（1）分析图样：零件轮廓分析；零件尺寸精度、形位精度、表面粗糙度、技术要求的分析；零件材料、热处理等要求的分析。

（2）确定加工工艺：选择加工方案，确定加工路线；选择定位与夹紧方式；选择刀具；选择各项切削参数；选择对刀点、换刀点等。

（3）数值计算：选择编程坐标系原点，对零件轮廓上的各基点或节点进行准确的数值计算，为编写加工程序单做好准备。

（4）编写程序单：根据数控机床规定的指令及程序格式编写加工程序单。

（5）制作控制介质：简单的数控加工程序，可直接通过键盘进行手工输入。当需要自动输入加工程序时，必须预先制作控制介质。现在大多数程序采用软盘、移动存储器、硬盘作为存储介质，采用计算机传输进行自动输入。

（6）校验程序：加工程序必须经过校验并确认无误后才能使用。程序校验一般采用机床空运行的方式进行，有图形显示功能的机床可直接在 CRT 显示屏上进行校验，另外还可采用计算机数控模拟等方式进行校验。

4.1.4 数控车床编程特点

学习数控车床的编程，需要对数控车床编程的特点有所了解，下面我们对数控车床编程具体地介绍一下。

（1）可以采用绝对值编程、增量值编程或二者混合编程。根据被加工零件的图样标注尺寸，从便于编程的角度出发，在一个程序段中，可以采用绝对值编程、增量值编程或二者混合编程。按绝对坐标编程时，用坐标字 X、Z 表示；按增量坐标编程时，用坐标字 U、W 表示。

（2）可以采用直径值编程或半径值编程两种表示方法。数控系统默认的编程方式为直径值编程，这是由于被加工零件的径向尺寸在图样上标注时，都是以直径值表示的，因而采用直径值编程最方便，即在直径方向，用绝对值编程时，X 以直径值表示；用增量值编程时，以径向实际位移量的二倍值表示，并附上方向符号（正向可以省略）。

（3）具有各种不同形式的固定循环功能。由于车削加工常用圆棒料或锻料作为毛坯，因此加工的余量比较大，要加工到图样规定尺寸，需要一层一层切削，如果每层切削加工都编写程序，编程工作量会大大增加。因此为简化编程，数控装置通常具备各种不同形式的固定循环功能，一般车床数控系统的固定循环分为简单循环（或封闭循环）与复合循环两类，如车内、外圆柱表面固定循环，车端面、车螺纹固定循环等。

（4）具有刀具自动补偿功能。大多数数控车床都具有刀具自动补偿功能，利用此功能可以实现刀尖圆弧半径补偿、刀具磨损补偿，以及在安装刀具时产生的位置误差补偿。加工前，操作人员只要将相关补偿值输入到规定的储存器中，数控系统就能自动进行刀具补偿。无论刀尖圆弧半径、刀具磨损还是刀具位置的变化都无需更改加工程序，因而编程人员可以按照工件的实际轮廓尺寸进行编程。

（5）具有恒表面切削速度控制。在加工端面、圆弧、圆锥，以及阶梯直径相差较大的零件时，沿 X 轴方向进给时，虽然进给速度不变，但切削线速度却不断地变化，导致加工表面质量变化。为了保证加工表面质量，数控车床一般都具有恒表面切削速度控制功能。该功能可以使数控系统根据刀尖所处的 X 坐标值，作为工件的直径值来计算主轴转速，使切削速度保持恒定。

（6）具有主轴最高转速限定功能。当刀具逐渐移近工件旋转中心时，主轴转速越来越高，工件有从卡盘中飞出的危险，为了防止出现事故，数控车床具有主轴最高转速限定功能。

4.2　数控机床的坐标系

要实现刀具在数控机床中的移动，首先要知道刀具向哪个方向移动。这些刀具的移动方向即为数控机床的坐标系方向。因此，数控编程与操作的首要任务就是确定机床的坐标系。

1. 机床坐标系（也叫标准坐标系）

1）机床坐标系的定义

在数控机床上加工零件，机床动作是由数控系统发出的指令控制的。为了确定机床的运动方向和移动距离，就要在机床上建立一个坐标系，这个坐标系就称为机床坐标系，也称标准坐标系。

2）机床坐标系中的规定

数控车床的加工动作主要分为刀具动作和工件动作两部分。因此，在确定机床坐标系的方向时规定：永远假定刀具相对于静止的工件而运动。

对于机床坐标系的方向，均将增大工件和刀具间距离的方向确定为正方向。数控机床的坐标系采用右手定则的笛卡儿坐标系。如图 4-2 所示，左图中大拇指的方向为 X 轴的正方向，食指指向 Y 轴的正方向，中指指向 Z 轴的正方向，而右图则规定了转动轴 A、B、C 轴的转动正方向。

3）数控车床坐标系

数控车床的坐标系依然采用右手定则的笛卡儿坐标系，是以径向为 X 轴方向，纵向

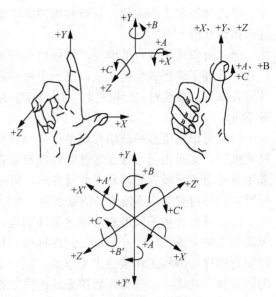

图 4-2　右手笛卡儿坐标系

为 Z 轴方向。由此，根据右手法则，Y 轴的正方向应该垂直指向地面，而编程中不涉及 Y 坐标，所以就没有标出 Y 方向，如图 4-3 所示。

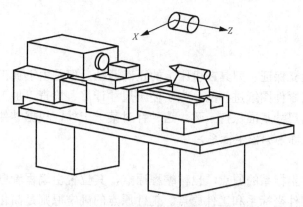

图 4-3 数控车床的坐标系

如何规定两坐标轴的正负方向？具体方法如下所示。

经济型普通卧式前置刀架数控车床指向主轴箱的方向为 Z 轴负方向，而指向尾架的方向为 Z 轴的正方向。X 轴的正方向是指向操作者的方向，负方向为远离操作者的方向，如图 4-4 所示。

经济型普通卧式后置刀架数控车床 Z 轴正负方向与前置刀架一样，不同点在于 X 轴的正方向是远离操作者的方向，负方向为指向操作者的方向，如图 4-5 所示。

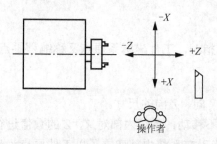

图 4-4 普通卧式前置刀架数控车床坐标系 图 4-5 普通卧式后置刀架数控车床坐标系

2. 机床原点、机床参考点

1）机床原点

机床原点（亦称为机床零点）是机床上设置的一个固定点，用于确定机床坐标系的原点。它在机床装配、调试时就已设置好，一般情况下不允许用户进行更改。

机床原点又是数控机床进行加工运动的基准参考点，在数控车床上，机床原点一般取在卡盘端面与主轴中心线的交点处。同时，通过设置参数的方法，也可将机床原点设定在 X、Z 坐标的正方向极限位置上。

2）机床参考点

对于大多数数控机床，开机的第一步总是先进行返回机床参考点（即机床回零）操作。开机返回参考点的目的就是建立机床坐标系，并确定机床坐标系的原点。该坐标系一经建立，只要机床不断电，将永远保持不变，并且不能通过编程对它进行修改。

机床参考点是数控机床上一个特殊位置的点，机床参考点与机床原点的距离由系统参数设定，其值可以是零，如果其值为零则表示机床参考点和机床原点重合，如果其值不为零，则机床开机回零后显示的机床坐标系的值就是系统参数中设定的距离值。

3. 工件坐标系

1）工件坐标系

机床坐标系的建立保证了刀具在机床上的正确运动。但是由于加工程序的编制通常是针对某一工件，根据零件图纸进行的。为了便于尺寸计算、检查，加工程序的坐标系原点一般都与零件图纸的尺寸基准保持一致。这种针对某一工件，根据零件图纸建立的坐标系称为工件坐标系（亦称为编程坐标系）。

2）工件原点

工件原点即工件坐标系的原点，也称编程原点，其位置由编程者自行确定。数控编程时，应该首先确定工件坐标系和工件原点。工件原点的确定原则是简化编程计算，应尽可能将工件原点设在零件图的尺寸基准或工艺基准处。一般来说，数控车床的 X 向零点应取在工件的回转中心，即主轴轴线上，Z 向零点一般在工件的左端面或右端面，即工件原点一般应选在主轴中心线与工件右端面或左端面的交点处，实际加工时，考虑加工余量和加工精度，工件原点应选择在精加工后的端面上或精加工后的夹紧定位面上，如图 4-6 所示。

工件坐标系建立后，还可以根据实际需要通过坐标系设定指令重新设定。

值得一提的是，以机械原点为原点建立的坐标系一般称为机床坐标系，它是一台机床固定不变的坐标系；而以编程原点为原点建立的坐标系一般称为工件坐标系或编程坐标系，它随着加工工件的改变而改变。

3）工件坐标系的设置

工件坐标系设定指令是规定工件坐标系原点的指令，工件坐标系原点又称编程零点。

指令格式：G50 X Z

式中，X、Z 为刀尖的起始点距工件坐标系原点在 X 向、Z 向的尺寸。

执行 G50 指令时，机床不动作，即 X、Z 轴均不移动，系统内部对 X、Z 的数值进行记忆，CRT 显示器上的坐标值发生了变化，这就相当于在系统内部建立了以工件原点为坐标原点的工件坐标系。例如，建立如图 4-7 所示的零件工件坐标系。

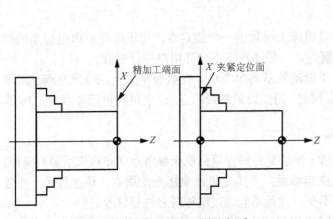

图 4-6　实际加工时的工件坐标系

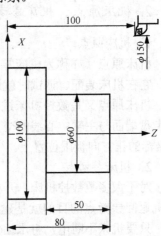

图 4-7　工件坐标系设定实例

若选工件左端面中心为坐标原点时，坐标系设定的编程为：

    G50 X150.0 Z100.0

若选工件右端面中心为坐标原点时，坐标系设定的编程为：

    G50 X150.0 Z20.0

用 G50 设定的工件坐标系，不具有记忆功能。当机床关机后，设定的坐标系立即消失，其建立过程在对刀部分有详细的讲述。

4.3 数控加工程序的格式与组成

4.3.1 程序格式

程序是控制机床的指令，与我们学习 Basic、C 语言编程一样，必须先了解程序的结构，以指导我们读懂程序。一个零件程序是一组被传送到数控装置中去的指令和数据。它由遵循一定结构句法和格式规则的若干个程序段组成，而每个程序段又由若干个指令字组成。

下面，我们将以一个简单的数控车削程序为例，分析加工程序的结构，介绍程序的组成。

例 4-1 以经济型数控车床加工图 4-8 所示的工件（毛坯直径为 $\phi50$）。

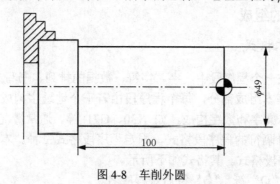

图 4-8 车削外圆

参考程序如下：

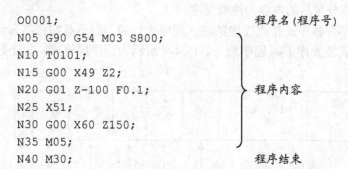

由上可以看出，一个完整的程序由程序名、程序内容和程序结束组成。

1. 程序名

每一个存储在系统存储器中的程序都需要指定一个程序号以相互区别，这种用于区别零件加工程序的代号称为程序号。因为程序号是加工程序开始部分的识别标记（又称为程序名），所以同一数控系统中的程序号（名）不能重复。

程序号写在程序的最前面，必须单独占一行。

FANUC 系统程序号的书写格式为 O××××，其中 O 为地址符，其后为四位数字，数值从 O0000 到 O9999，在书写时其数字前的零可以省略不写，如 O0020 可写成 O20。

2. 程序内容

程序内容是整个加工程序的核心，它由许多程序段组成，每个程序段由一个或多个指令字构成，它表示数控机床中除程序结束外的全部动作。

3. 程序结束

程序结束由程序结束指令构成，它必须写在程序的最后。

可以作为程序结束标记的 M 指令有 M02 和 M30，它们代表零件加工程序的结束。为了保证最后程序段的正常执行，通常要求 M02/M30 单独占一行。

此外，子程序结束的结束标记因不同的系统而各异，如 FANUC 系统中用 M99 表示子程序结束后返回主程序；而在 SIEMENS 系统中则通常用 M17、M02 或字符"RET"作为子程序的结束标记。

4.3.2 程序段的组成

1. 程序段的基本格式

程序段格式是指在一个程序段中，字、字符、数据的排列、书写方式和顺序。

程序段是程序的基本组成部分，每个程序段由若干个地址字构成，而地址字又由表示地址的英文字母、特殊文字和数字构成，如 X30、G71 等。通常情况下，程序段格式有可变程序段格式、使用分隔符的程序段格式、固定程序段格式三种。本节主要介绍当前数控机床上常用的可变程序段格式。其格式如下所示。

（1）程序起始符："O"符，"O"符后跟程序名。

（2）程序结束：M30 或 M02。

（3）注释符：括号内或分号后的内容为注释文字。

值得注意的是，一个零件程序是按程序段的输入顺序执行的，而不是按程序段号的顺序执行，但书写程序时建议按升序书写程序段号。图 4-9 所示为程序段格式，如下程序段所示：

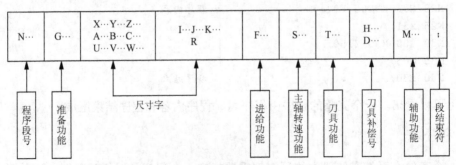

图 4-9　程序段格式

```
N50 G01 X30.0 Z30.0 F100 S800 T01 M03;
```

2. 程序段号与程序段结束

程序段由程序段号 N×× 开始，以程序段结束标记 "CR（或 LF）" 结束，实际使用时，常用符号 "；" 或 "＊" 表示 "CR（或 LF）"，本书中一律以符号 "；" 表示程序段结束。

N×× 为程序段号，由地址符 N 和后面的若干位数字表示。在大部分系统中，程序段号仅作为 "跳转" 或 "程序检索" 的目标位置指示。因此，它的大小及次序可以颠倒，也可以省略。程序段在存储器内以输入的先后顺序排列，而程序的执行是严格按信息在存储器内的先后顺序逐段执行，也就是说执行的先后次序与程序段号无关。但是，当程序段号省略时，该程序段将不能作为 "跳转" 或 "程序检索" 的目标程序段。

程序段的中间部分是程序段的内容，主要包括准备功能字、尺寸功能字、进给功能字、主轴功能字、刀具功能字、辅助功能字等，但并不是所有程序段都必须包含这些功能字，有时一个程序段内可仅含有其中一个或几个功能字，如下例程序段所示。

```
N10 G01 X100.0 F100;
N80 M05;
```

程序段号也可以由数控系统自动生成，程序段号的递增量可以通过 "机床参数" 进行设置，一般可设定增量值为 10，以便在修改程序时方便进行 "插入" 操作。

3. 程序的斜杠跳跃

有时，在程序段的前面编有 "/" 符号，该符号称为斜杠跳跃符号，该程序段称为可跳跃程序段。如下程序段所示：

```
/N10 G00 X100.0;
```

这样的程序段，可以由操作者对程序段和执行情况进行控制。当操作机床并使系统的 "跳过程序段" 信号生效时，程序在执行中将跳过这些程序段；当 "跳过程序段" 信号无效时，该程序段照常执行，即与不加 "/" 符号的程序段相同。

4. 程序段注释

为了方便检查、阅读数控程序，在许多数控系统中允许对程序段进行注释，注释可以作为对操作者的提示显示在荧屏上，但注释对机床动作没有丝毫影响。FANUC 系统的程序注释用 "( )" 括起来，而且必须放在程序段的最后，不允许将注释插在地址和数字之间。如下程序段所示。

```
O0010;                 (PROGRAM NAME 0010)
G21 G98 G40;
T0101;                 (TOOL 01)
...
```

对于 FANUC 数控系统来说，程序注释不识别汉字，而国产的华中系统就能很好地识别汉字。

4.4 数控机床的有关功能及规则

数控系统常用的功能有准备功能、辅助功能、其他功能三种，这些功能是编制加工程序的基础。

4.4.1 准备功能

准备功能又称 G 功能或 G 指令，是数控机床完成某些准备动作的指令。它由地址符 G 和后面的两位数字组成，从 G00～G99 共 100 种，如 G01、G41 等。目前，随着数控系统功能不断增加等原因，有的系统已采用三位数的功能指令，如 SIEMENS 系统中的 G450、G451 等。

从 G00～G99 虽有 100 种 G 指令，但并不是每种指令都有实际意义，有些指令在国际标准（ISO）及我国机械工业部相关标准中并没有指定其功能，即"不指定"，这些指令主要用于将来修改其标准时指定新的功能。还有一些指令，即使在修改标准时也永不指定其功能，即"永不指定"，这些指令可由机床设计者根据需要自行规定其功能，但必须在机床的出厂说明书中予以说明。

准备功能 G 代码是建立坐标平面、坐标系偏置、刀具与工件相对运动轨迹（插补功能），以及刀具补偿等多种加工操作方式的指令。范围为 G0（等效于 G00）～G99。G 代码指令的功能如表 4-1 所示。

表 4-1 FANUC 0i 系统准备功能一览表

G 代码	组别	功能	程序格式及说明
G00▲	01	定位（快速移动）	G00 X Z;
G01		直线插补	G01 X Z F;
G02		顺时针圆弧插补（cw）	G02 X Z R F;
G03		逆时针圆弧插补（ccw）	G02 X I K F;
G04	00	暂停	G04 X1.5;或 G04P1500;
G09		准确停止	G09 X Z;
G20	06	英寸输入	G20;
G21		毫米输入	G21;
G22▲	04	存储行程检测接通	G22 X Z I K;
G23	04	存储行程检测断开	G23;
G27	00	返回参考点检测	G27 X Z;
G28		返回参考点	G28 X Z;
G29		从参考点返回	G29 X Z;
G30		返回第2、3、4参考点	G30 P2/P3/P4 X Y Z;
G32	01	螺纹切削	G33 X Z F;
G40▲	07	取消刀尖半径偏置	G40;
G41		刀尖半径偏置（左侧）	G41G01/G00 X Z D;
G42		刀尖半径偏置（右侧）	G42G01/G00 X Z D;

续表

G 代码	组别	功能	程序格式及说明
G50▲	00	修改工件坐标；设置主轴最大的 RPM	G50;
G52		局部坐标系设定	G52 X Z; (IP 以绝对值指定)
G53		选择机床坐标系	G53;
G70	00	精加工循环	G70 Pns Qnf
G71		内外径粗切循环	G71 U(Δd) R(e); G71 P(ns) Q(nf) U(Δu) W(Δw) F(f) S(s) T(t);
G72		台阶粗切循环	G72 W(Δd)R(e); G72 P(ns) Q(nf) U(Δu) W(Δw) F(f) S(s)T(t);
G73		成形重复循环	G73 U(Δi) W(Δk) R(d); G73 P(ns) Q(nf) U(Δu) W(Δw) F(f) S(s) T(t);
G74		Z 向步进钻削	G74 R(e); G74 X(u) Z(w) P(Δi) Q(Δk) R(Δd) F(f);
G75		X 向切槽	G75 R(e); G75 X(u) Z(w) P(Δi) Q(Δk) R(Δd) F(f);
G76		切螺纹循环	G76 P(m)(r)(a) Q(Δ dmin) R(d); G76 X(u) Z(w) R(i) P(k) Q(Δ d) F(f);
G90	01	（内外直径）切削循环	G90 X Z F;
G92		切螺纹循环	G92 X Z F;
G94		（台阶）切削循环	G94 X(u) Z(w) R F;
G96	12	恒线速度	G96 S200; (200m/min)
G97▲		恒线速度控制取消	—
G98	05	每分钟进给率	—
G99▲		每转进给率	—

说明：

（1）当电源接通或复位时，数控系统进入清零状态，此时的开机默认代码在表中以符号"▲"表示。但此时，原来的 G21 或 G20 保持有效。

（2）除了 G10 和 G11 以外的 00 组 G 代码都是非模态 G 代码。

（3）不同组的 G 代码在同一程序段中可以指令多个。如果在同一程序段中指令了多个同组的 G 代码，仅执行最后指定的 G 代码。

（4）如果在固定循环中指令了 01 组的 G 代码，则固定循环取消，该功能与指令 G80 相同。

4.4.2 辅助功能

辅助功能又称 M 功能或 M 指令。它由地址符 M 和后面的两位数字组成，从 M00~M99 共 100 种。辅助功能主要控制机床或系统的各种辅助动作，如机床/系统的电源开、关，冷却液的开、关，主轴的正、反、停及程序的结束等。

因数控系统及机床生产厂家的不同，其 G/M 指令的功能也不尽相同，甚至有些指令与 ISO 标准指令的含义也不相同。因此，一方面，我们迫切希望对数控指令的使用贯彻标准化；

另一方面，我们在进行数控编程时，一定要严格按照机床说明书的规定进行。

在同一程序段中，既有 M 指令又有其他指令时，M 指令与其他指令执行的先后次序由机床系统参数设定，因此，为保证程序以正确的次序执行，有很多 M 指令如 M30、M02、M98 等最好以单独的程序段进行编程。

辅助功能 M 指令，主要用来设定数控机床电控装置单纯的开/关动作，以及控制加工程序的执行走向。各 M 指令功能如表 4-2 所示。

表 4-2　M 指令功能表

M 指 令	功　　能	M 指 令	功　　能
M00	程序停止	M06	刀具交换
M01	程序选择性停止	M08	切削液开启
M02	程序结束	M09	切削液关闭
M03	主轴正转	M30	程序结束，返回开头
M04	主轴反转	M98	调用子程序
M05	主轴停止	M99	子程序结束

1. 暂停指令 M00

当 CNC 执行到 M00 指令时，将暂停执行当前程序，以方便操作者进行刀具更换、工件的尺寸测量、工件调头或手动变速等操作。暂停时，机床的主轴进给及冷却液停止，而全部现存的模态信息保持不变。若欲继续执行后续程序重按操作面板上的"启动键"即可。

2. 程序结束指令 M02

M02 用在主程序的最后一个程序段中，表示程序结束。当 CNC 执行到 M02 指令时，机床的主轴、进给及冷却液全部停止。使用 M02 的程序结束后，若要重新执行该程序就必须重新调用该程序。

3. 程序结束并返回到零件程序头指令 M30

M30 和 M02 功能基本相同，只是 M30 指令还兼有控制返回到零件程序头（%）的作用。使用 M30 的程序结束后，若要重新执行该程序，只需再次按操作面板上的"启动键"即可。

4. 子程序调用及返回指令 M98、M99

M98 用来调用子程序；M99 表示子程序结束，执行 M99 使控制返回到主程序。在子程序开头必须规定子程序号，以作为调用入口地址。在子程序的结尾用 M99，以控制执行完该子程序后返回主程序。

在这里可以带参数调用子程序，类似于固定循环程序方式。有关内容可参见"固定循环宏程序"。另外，G65 指令的功能与 M98 相同。

5. 主轴控制指令 M03、M04 和 M05

M03 启动主轴，主轴以顺时针方向（从 Z 轴正向朝 Z 轴负向看）旋转；M04 启动主轴，主轴以逆时针方向旋转；M05 主轴停止旋转。

6. 冷却液开停指令 M08、M09

M08 指令将打开冷却液管道；M09 指令将关闭冷却液管道。其中 M09 为默认功能。

4.4.3 其他功能

1. 坐标功能

坐标功能字（又称尺寸功能字）用来设定机床各坐标的位移量。它一般使用 X、Y、Z、U、V、W、P、Q、R 和 A、B、C、D、E，以及 I、J、K 等地址符为首，在地址符后紧跟"+"或"－"号和一串数字，分别用于指定直线坐标、角度坐标及圆心坐标的尺寸，如 X100.0、A－30.0、I－10.105 等。

2. 刀具功能

刀具功能是指系统进行选（转）刀或换刀的功能指令，亦称为 T 功能。刀具功能用地址符 T 及后面的一组数字表示。常用刀具功能的指定方法有 T4 位数法和 T2 位数法。

T4 位数法：4 位数的前两位数用于指定刀具号，后两位数用于指定刀具补偿存储器号。刀具号与刀具补偿存储器号可以相同，也可以不同，如 T0101 表示选 1 号刀具及选 1 号刀具补偿存储器号中的补偿值；而 T0102 则表示选 1 号刀具及选 2 号刀具补偿存储器号中的补偿值。FANUC 数控系统及部分国产系统数控车床大多采用 T4 位数法。

T2 位数法：该指令仅指定了刀具号，刀具存储器号则由其他指令（如 D 或 H 指令）进行选择。同样，刀具号与刀具补偿存储器号可以相同，也可以不同，如 T04D01 表示选用 4 号刀具及 4 号刀具中 1 号补偿存储器。数控铣床、加工中心普遍采用 T2 位数法。

3. 进给功能

用来指定刀具相对于工件运动速度的功能称为进给功能，由地址符 F 和其后面的数字组成。根据加工的需要，进给功能分为每分钟进给和每转进给两种，如图 4-10 所示，并以其对应的功能字进行转换。

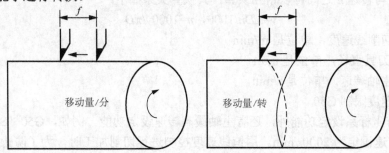

图 4-10 进给功能

1）每分钟进给 G98

数控系统在执行了 G98 指令后，便认定 F 所指的进给速度单位为 mm/min，如 F200 即进给速度是 200mm/min。

2）每转进给 G99

数控系统在执行了 G99 指令后，便认定 F 所指的进给速度单位为 mm/r，如 F0.2 即进给速度是 0.2mm/r。如在加工米制螺纹过程中，常使用每转进给来指定进给速度（该进给速度即表示螺纹的螺距或导程），其单位为毫米/转（mm/r），通过准备功能字 G99 来指定。如以下程序段所示：

```
G99 G32 Z-50.0 F2;     (进给速度为 2mm/r,即加工的螺距/导程为 2mm)
G99 G01 X20.0 F0.2;    (进给速度为 0.2mm/r)
```

每分钟的移动速率（毫米/分）=每转位移速率（毫米/转）×主轴转速（r/min）

注意事项：G98 与 G99 互相取代；FANUC 数控车床开机后一般默认 G99 状态。在编程时，进给速度不允许用负值来表示，一般也不允许用 F0 控制进给停止。但在除螺纹加工的实际操作过程中，均可通过操作机床面板上的进给倍率旋钮对进给速度值进行实时修正。这时，通过倍率开关，可以控制其进给速度的值为 0。

4. 主轴功能 S

数控车床用调整步幅和修改 RPM 的方法让速率划分，如低速和高速区；在每一个区内的速率可以自由改变。用以控制主轴转速的功能称为主轴功能，亦称为 S 功能，由地址符 S 及其后面的一组数字组成。根据加工的需要，主轴的转速分为线速度 v 和转速 n 两种。

1）恒线速度控制指令 G96

在加工某些非圆柱体表面时，为了保证工件的表面质量，主轴需要满足其线速度恒定不变的要求，而自动实时调整转速，这种功能即称为恒线速度。恒线速度的单位为米/分钟（m/min），用准备功能 G96 来指定。恒线速度指令格式如下例所示：

```
G96 S100;  (主轴恒线速度为 100m/min)
```

系统执行 G96 指令后，S 指定的数值表示切削速度。例如 G96 S150，表示切削速度为 150m/min。

2）取消恒线速度控制指令 G97

系统执行 G97 指令后，S 指定的数值表示主轴每分钟的转速。例如 G97 S1200，表示主轴转速为 1200r/min。FANUC 系统开机后，一般默认 G97 状态。

线速度 v 与转速 n 之间可以相互换算，其换算关系如下：

$$v=\pi Dn/1000, \quad n=1000v/\pi D$$

式中　v——切削线速度，单位是 m/min；

　　　D——刀具直径，单位是 mm；

　　　n——主轴转速，单位是 r/min。

3）最高速度限制 G50

G50 除有坐标系设定功能外，还有主轴最高转速设定功能。例如，G50 S2000，表示把主轴最高转速设定为 2000r/min。用恒线速度控制进行切削加工时，为了防止出现事故，必须限定主轴转速。

在编程时，主轴转速不允许用负值来表示，但允许用 S0 使转速停止。在实际操作过程中，可通过机床操作面板上的主轴倍率旋钮来对主轴转速值进行修正，其调整范围一般为 50%～120%。

5. 主轴的启、停

在程序中，主轴的正转、反转、停转由辅助功能 M03/M04/M05 进行控制。其中，M03

表示主轴正转；M04 表示主轴反转；M05 表示主轴停转。其指令格式如下所示：

```
M03 S300;          (主轴正转，转速为 300r/min)
M05;               (主轴停转)
```

4.4.4 常用功能指令的属性

1. 指令分组

所谓指令分组，就是将系统中不能同时执行的指令分为一组，并以编号区别。例如，G00、G01、G02、G03 就属于同组指令，其编号为 01 组。类似的同组指令还有很多，详见表"FANUC 指令一览表"。

同组指令具有相互取代作用，同一组指令在一个程序段内只能有一个生效。当在同一程序段内出现两个或两个以上的同组指令时，只执行其最后输入的指令，有的机床此时会出现系统报警。对于不同组的指令，在同一程序段内可以进行不同的组合。如下程序段所示：

```
G40 G21 G54;                      (是正确的程序段，所有指令均不同组)
G01 G02 X30.0 Y30.0 R30.0 F100;   (是错误程序段，其中 G01 与 G02 是同组指令)
```

2. 模态指令

模态指令（又称为续效指令）表示该指令在某个程序段中一经指定，在接下来的程序段中将持续有效，直到出现同组的另一个指令时，该指令才失效，如常用的 G00、G01～G03 及 F、S、T 等指令。

模态指令的出现，避免了在程序中出现大量的重复指令，使程序变得清晰明了。同样，当尺寸功能字在前后程序段中出现重复，则该尺寸功能字也可以省略。在如下程序段中，有下画线的指令则可以省略其书写和输入：

```
G01 X20.0 Y20.0 F150.0;
G01 X30.0 Y20.0 F150.0;
G02 X30.0 Y-20.0 R20.0 F100.0;
```

因此，以上程序可写成：

```
G01 X20.0 Y20.0 F150.0;
X30.0;
G02 Y-20.0 R20.0 F100.0;
```

仅在编入的程序段内才有效的指令称为非模态指令（或称为非续效指令），如 G 指令中的 G04 指令、M 指令中的 M00 等指令。

对于模态指令与非模态指令的具体规定，因数控系统的不同而各异，编程时请查阅有关系统说明书。

3. 开机默认指令

为了避免编程人员出现指令遗漏，数控系统中对每一组的指令，都选取其中的一个作为开机默认指令，此指令在开机或系统复位时可以自动生效。

常见的开机默认指令有 G01、G40、G54、G97 等。如当程序中没有 G96 或 G97 指令，用程序"M03 S200；"指定主轴的正转转速是 200r/min。

4.4.5 坐标功能指令规则

1. 单位设定指令 G20、G21

工程图纸中的尺寸标注有公制和英制两种形式，数控系统可根据所设定的状态，利用代码把所有的几何值转换为公制尺寸或英制尺寸。G20 是英制输入制式，G21 是公制输入制式。系统开机后，机床处在公制 G21 状态。公制与英制单位的换算关系为：

$$1mm \approx 0.0394in, \quad 1in \approx 25.4mm$$

G20 是英制输入制式；G21 是公制输入制式；两种制式下线性轴和旋转轴的尺寸单位如表 4-3 所示。

```
G20 G01 X50.0;   (表示刀具向 X 轴正方向移动 50 英寸)
G21 G01 X50.0;   (表示刀具向 X 轴正方向移动 50 毫米)
```

表 4-3 尺寸输入制式及单位

指　　令	线　性　轴	旋　转　轴
G20（英制）	英寸	度
G21（公制）	毫米	度

2. 绝对值编程与相对值编程

在数控编程时，刀具位置的坐标通常有两种表示方式。一种是绝对坐标；另一种是增量（相对）坐标。数控车床编程时，可采用绝对值编程、增量值编程或者二者混合编程。

（1）绝对值编程：所有坐标点的坐标值都是从工件坐标系的原点计算的，称为绝对坐标，用 X、Z 表示。

（2）增量值编程：坐标系中的坐标值是相对于刀具的前一位置（或起点）计算的，称为增量（相对）坐标。X 轴坐标用 U 表示，Z 轴坐标用 W 表示，正负由运动方向确定。

如图 4-11 所示的零件，用以上三种编程方法编写的部分程序如下：

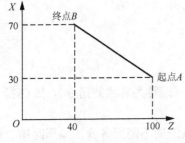

绝对值编程	X70.0 Z40.0
增量值编程	U40.0 W-60.0
混合编程	X70.0 W-60.0
	U40.0 Z40.0

图 4-11 绝对值/增量值编程

注意事项：当 X 和 U 或 Z 和 W 在一个程序段中同时指令时，后面的指令有效。

在按绝对坐标编程时，使用代码 X 和 Z；按增量坐标（相对坐标）编程时，使用代码 U 和 W。也可以采用混合坐标指令编程，即同一程序中，既出现绝对坐标指令，又出现相对坐标指令。

U 和 X 坐标值，在数控车床的编程中一般是以直径方式输入的，即按绝对坐标系编程时，X 输入的是直径值；按增量坐标编程时，U 输入的是径向实际位移值的二倍，并附上方向符号（正向可以省略）。

选择合适的编程方式将使编程简化。通常当图纸尺寸由一个固定基准给定时，采用绝对方式编程较为方便，而当图纸尺寸是以轮廓顶点之间的间距给出时，采用相对方式编程较为方便。

3. 直径编程与半径编程

数控车床编程时，由于所加工的回转体零件的截面为圆形，所以其径向尺寸就有直径和半径两种表示方法。采用哪种方法是由系统的参数决定的。数控车床出厂时，一般设定为直径编程，所以程序中 X 轴方向的尺寸为直径值。如果需要用半径编程，则需要改变系统中的相关参数，使系统处于半径编程状态。

在用直径尺寸编程时，若采用绝对尺寸编程，X 表示直径；若采用增量尺寸编程，X 表示径向位移量。

4. 小数控点编程

数控编程时，数字单位以公制为例分为两种：一种是以毫米为单位，另一种是以脉冲当量即机床的最小输入单位为单位。现在大多数机床常用的脉冲当量为 0.001mm。

对于数字的输入，有些系统可省略小数点，有些系统则可以通过系统参数来设定是否可以省略小数点，而大部分系统小数点则不可省略。对于不可省略小数点编程的系统，当使用小数点进行编程时，数字以毫米：mm（英制为英寸：in；角度为度：deg）为输入单位，而当不用小数点编程时，则以机床的最小输入单位作为输入单位。

如从 A 点（0，0）移动到 B 点（60，0）有以下三种表达方式：

```
X60.0;
X60.;          (小数点后的零可以省略)
X60 000;       (脉冲当量为 0.001mm)
```

以上三组数值均表示坐标值为 60 mm，60.0 与 60 000 从数学角度上看两者相差了 1000 倍。因此在进行数控编程时，不管哪种系统，为保证程序的正确性，最好不要省略小数点的输入。此外，脉冲当量为 0.001 mm 的系统采用小数点编程时，其小数点后的倍数超过四位时，数控系统按四舍五入处理。例如，当输入 X60.1234 时，经系统处理后的数值为 X60.123。

4.5 数控系统常用功能指令

4.5.1 快速定位指令 G00

1. 指令格式

```
G00 X(U)_ Z(W)_ ;
```

其中：X、Z 为刀具所要到达点的绝对坐标值；

U、W 为刀具所要到达点距离现有位置的增量值（不运动的坐标可以不写）。

2. 指令说明

G00 指令刀具相对于工件以各轴预先设定的速度，从当前位置快速移动到程序段指令的定位目标点。其快移速度由机床参数"快移进给速度"对各轴分别设定，而不能用 F 规定。G00 一般用于加工前的快速定位或加工后的快速退刀。注意，在执行 G00 指令时，由于各轴以各自速度移动，不能保证各轴同时到达终点，因而联动直线轴的合成轨迹不一定是直线。所以操作者必须格外小心，以免刀具与工件发生碰撞。

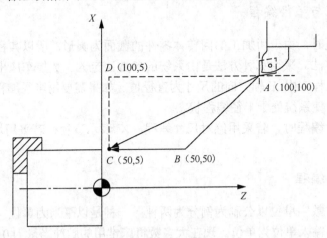

图 4-12 G00 功能特性

如图 4-12 所示，要求刀尖点 A 快速移动到靠近工件的 C 点，移动轨迹通常情况下不是直线 AC，而是拆线 AB—BC。刀具按 45°方向移动至 B（50, 50），再由 B 点水平移动到 C（50, 5）点。所以使用 G00 时，一定要注意在移动过程中刀具是否与工件、夹具、机床干涉或相撞，忽略了 G00 这一特性，很容易发生碰撞。因此，在本例中可以使 A 点先沿水平移动到 D（100, 5）点，然后垂直移动到终点 C（50, 5）准备加工，以保证安全。程序如下。

（1）A→C：直接指定终点 C，轨迹为 ABC。

绝对值编程	增量编程
G00 X50.0 Z5.0	G00 U-50.0 W-95.0

（2）A→D→C：经中间点 D 后到达终点 C，轨迹为 ADC。

绝对值编程	增量编程
G00 X100.0 Z5.0	G00 U0 W-95.0
X50.0 Z5.0	U-50.0 W0

上述程序段中，X（U）均为该点的直径值。

注意事项：

（1）符号"⬤"代表编程原点。

（2）在某一轴上相对位置不变时，可以省略该轴的移动指令。

（3）在同一程序段中绝对坐标指令和增量坐标指令可以混用。

（4）刀具快速移动速度由机床生产厂家设定。

（5）从图 4-12 中可见，实际刀具移动路径与理想刀具移动路径可能会不一致，因此，要注意刀具是否与工件和夹具发生干涉,对不确定是否会干涉的场合,可以考虑每轴单动。

4.5.2 直线插补指令 G01

数控机床的刀具(或工作台)沿各坐标轴位移是以脉冲当量为单位的(mm/脉冲)。刀具加工直线或圆弧时,数控系统按程序给定的起点和终点坐标值,在其间进行"数据点的密化"——求出一系列中间点的坐标值,然后依顺序按这些坐标轴的数值向各坐标轴驱动机构输出脉冲。数控装置进行的这种"数据点的密化"叫做插补功能。

G01 指令是直线运动指令,它命令刀具在两坐标或三坐标轴间以联动插补的方式按指定的进给速度做任意斜率的直线运动。G01 也是模态指令。

1. 指令格式

    G01 X_ Z_ F_ 或 G01 U_ W_ F;
其中:

(1)X、Z 或 U、W 为刀具目标点坐标。当使用增量方式时,U_ W_ 为目标点相对于起始点的增量坐标,不运动的坐标可以不写。

(2)F 为刀具切削进给的进给速度。在编写程序时,当第一次应用 G01 指令时,一定要规定一个 F 指令,在以后的程序段中,如果没有新的 F 指令,则进给速度保持不变,不必每个程序段中都指定F。如果程序中第一次出现的 G01 指令中没有指定F,则机床不运动。有的系统还会出现系统报警。

2. 指令说明

(1)G01 指令是要求刀具以联动的方式,按 F 规定的合成进给速度,从当前位置按线性路线(联动直线轴的合成轨迹为直线)移动到程序段指令的终点。

(2)G01 是模态指令,可由 G00、G02、G03 或 G32 功能注销。

例 4-2 如图 4-13 所示,O 点为工件原点,加工从 $A \rightarrow B \rightarrow C$,试编写其程序。

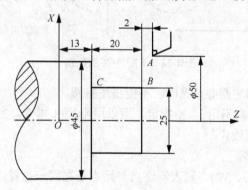

图 4-13 直线插补指令编程示例

参考程序如下:

绝对值编程	增量编程
G01 X25.0 Z35.0 F0.3	G01 U-25.0 W0 F0.3
G01 X25.0 Z13.0	G01 U0 W-22.0

4.5.3 圆弧类插补指令

圆弧插补指令使刀具在指定平面内按给定的进给速度 F 做圆弧运动，切削出圆弧轮廓。

1. 指令格式

> 顺时针圆弧插补: G02 X(U)_Z(W)_R_F_; 或 G02 X(U)_Z(W)_I_K_F_;
> 逆时针圆弧插补: G03 X(U)_Z(W)_R_F_; 或 G03 X(U)_Z(W)_I_K_F_;

其中：

（1）X、Z——刀具所要到达点的绝对坐标值。

（2）U、W——刀具所要到达点距离现有位置的增量值。

（3）R——圆弧半径。

（4）F——刀具的进给量，应根据切削要求确定。

（5）I、K——圆弧的圆心相对圆弧起点在 X 轴、Z 轴方向的坐标增量（I 值为半径量），当方向与坐标轴的方向一致时为"＋"，反之为"－"。

注意事项：

（1）当用半径方式指定圆心位置时，由于在同一半径 R 的情况下，从圆弧的起点到终点有两个圆弧的可能性，为区别两者，规定圆心角 $\alpha \leqslant 180°$ 时，用"+R"表示，如图 4-14 中的圆弧 1；当 $\alpha \geqslant 180°$ 时，用"-R"表示，如图 4-14 中的圆弧 2。

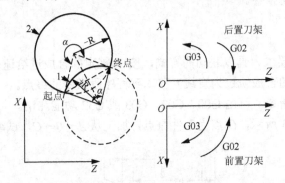

图 4-14　＋R 与-R 的区别

（2）用半径 R 方式指定圆心位置时，不能描述整圆。

（3）到圆弧中心的距离不用 I、K 指定，可以用半径 R 指定。当 I、K 和 R 同时被指定时，R 指令优先，I、K 无效。

（4）I0、K0 可以省略。

（5）若省略 X、Z（U、W），则表示终点与始点是在同一位置，此时使用 I、K 指定中心时，变成了指定 360°的圆弧（整圆）。

（6）圆弧在多个象限时，该指令可以连续执行。

（7）在圆弧插补程序段中不能有刀具功能（T）指令。

（8）圆心角接近于 180°圆弧，当用 R 指定时，圆弧中心位置的计算会出现误差，此时请用 I、K 指定圆弧中心。

2. 圆弧方向的判断

圆弧顺、逆的方向判断：沿圆弧所在平面（*XOZ*）相垂直的另一坐标轴（*Y* 轴），由正向负看去，起点到终点运动轨迹为顺时针，使用 G02 指令，反之，使用 G03 指令。圆弧插补的顺（G02）、逆（G03）可按图 4-15 所示的方向判断。

3. 编程方法举例

例 4-3　如图 4-16 所示，写出圆弧的插补程序。

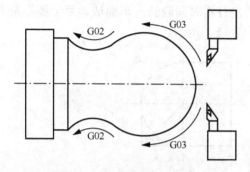

图 4-15　圆弧顺逆的判断

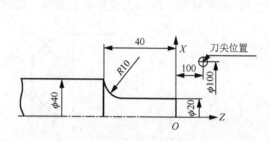

图 4-16　圆弧插补

参考程序如下：

（1）用 I、K 表示圆心位置

绝对值编程	增量值编程
…	…
N30 G00 X20.0 Z2.0	N30 G00 U-80.0 W-98.0
N40 G01 Z-30.0 F80	N40 G01 U0 W 32.0 F80
N50 G02 X40.0 Z-40.0 I10.0 K0 F60	N50 G02 U20.0 W-10.0 I10.0 K F60
…	…

（2）用 R 表示圆心位置

绝对值编程	增量值编程
…	…
N30　G00　X20.0　Z2.0	N30　G00　U-80.0　W-98.0
N40　G01　Z-30.0　F80	N40　G01　U0　W-32.0　F80
N50　G02　X40.0　Z-40.0　R10　F60	N50　G02　U20.0　W-10.0　R10　F60
…	…

4. 圆弧的车削方法

圆弧加工时，因受吃刀量的限制，一般情况下，不可能一刀将圆弧车好，需分几刀加工。常用的加工方法有车锥法（斜线法）和车圆法（同心圆法）两种。

1）车锥法

车锥法就是加工时先将零件车成圆锥，最后再车成圆弧的方法。一般适用于圆心角小于 90° 的圆弧，如图 4-17（a）所示。图中 *AB* 为圆锥的极限位置，即车锥时加工路线不能

超过 AB 线，否则因过切而无法加工圆弧。采用车锥法需计算 A、B 两点的坐标值，方法如下：

$$CD = \sqrt{2}R, \quad CF = \sqrt{2}R - R = 0.414R, \quad AC = BC = \sqrt{2}CF = 0.586R$$

A 点坐标 $(R - 0.586R, 0)$；B 点坐标 $(R, -0.586R)$。

2）车圆法

车锥法所留的加工余量都不能达到一致，用 G02（或 G03）指令粗车圆弧，若一刀就把圆弧加工出来，这样吃刀量太大，容易打刀。所以，实际切削时，常常采用多刀粗车圆弧。车圆法就是用不同半径的同心圆弧车削，先将大部分余量切除，最后才车到所需圆弧的方法。此方法的优点在于每次背吃刀量相等，数值计算简单，编程方便，所留的加工余量相等，有助于提高精加工质量。缺点是加工的空行程时间较长。车圆法适用于圆心角大于 90° 的圆弧粗车或加工较复杂的圆弧，如图 4-17（b）所示。

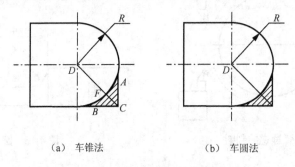

（a）车锥法 　　　（b）车圆法

图 4-17　圆弧凸表面车削方法

4.5.4　螺纹切削指令

在数控车床上可以加工螺纹，编程指令有单行程螺纹切削指令 G32、非整数导程螺纹切削指令 G33、变导程螺纹切削指令 G34、螺纹切削循环指令 G92、螺纹切削复合循环指令 G76。由于切削方法的不同，编程方法不同，造成加工误差也不同。我们在操作使用上要仔细分析，争取加工出精度高的零件。

FANUC 数控系统提供的螺纹加工指令包括单一螺纹指令和螺纹固定循环指令。前提条件是主轴上有位移测量系统。数控系统的不同，螺纹加工指令也有差异，实际应用中按所使用的机床要求编程。G32 指令可以执行单行程螺纹切削，车刀进给运动严格根据输入的螺纹导程进行。但是，车刀的切入、切出、返回均需编入程序。

1. 螺纹加工基础知识

在数控车床上可以车削米制、英寸制、模数和径节制四种标准螺纹，无论车削哪一种螺纹，车床主轴与刀具之间必须保持严格的运动关系，即主轴每转一转（即工件转一转），刀具应均匀地移动一个（工件的）导程的距离。以下通过对普通螺纹的分析，加强对普通螺纹的了解，以便更好地加工普通螺纹。

1）螺纹加工前工件直径

考虑螺纹加工牙型的膨胀量，螺纹加工前工件直径 $D/d - 0.1P$，即螺纹大径减 0.1 倍螺距，一般根据材料变形能力大小，取比螺纹大径小 0.1～0.5 倍。

表 4-4　螺纹直径与螺距的关系（最常用部分）

直径（D）	6	8	10	12	14	16	18	20	22	24
螺距（P）	1	1.25	1.5	1.75	2	2	2.5	2.5	2.5	3

2）普通螺纹实际牙型高度

普通螺纹实际牙型高度按 $h = 0.6495P$ 计算，其中 P 为螺纹螺距，近似取 $h = 0.65P$。

3）螺纹小径的计算

螺纹小径按 $d' = d - 2 \times 0.65P$ 计算。

4）螺纹切削进给次数与背吃刀量的确定

如果螺纹牙型较深，螺距较大，可分次进给，每次进给的背吃刀量为螺纹深度减去精加工背吃刀量所得的差按递减规律分配。常用公制螺纹加工的进给次数与背吃刀量见表 4-5。

表 4-5　常用螺纹切削的进给次数与吃刀量

公 制 螺 纹							
螺距（mm）	1	1.5	2	2.5	3	3.5	4
牙深（半径值）	0.649	0.974	1.299	1.624	1.949	2.273	2.598
切削次数及吃刀量（直径值） 1 次	0.7	0.8	0.9	1	1.2	1.5	1.5
2 次	0.4	0.6	0.6	0.7	0.7	0.7	0.8
3 次	0.2	0.4	0.6	0.6	0.6	0.6	0.6
4 次		0.16	0.4	0.4	0.4	0.6	0.6
5 次			0.1	0.4	0.4	0.4	0.4
6 次				0.15	0.4	0.4	0.4
7 次					0.2	0.2	0.4
8 次						0.15	0.3
9 次							0.2

在数控车床上，也可以车削英制螺纹。英制螺纹按外形分圆柱、圆锥两种；按牙型角分 55°、60°两种。螺纹中的 1/4、1/2、1/8 标记是指螺纹尺寸的直径，单位是英寸。一英寸等于 8 分，1/4 英寸就是 2 分，依此类推。

常用英制螺纹加工的进给次数与背吃刀量见表 4-6。

表 4-6　常用螺纹切削的进给次数与吃刀量

英 制 螺 纹							
牙/in	24	18	16	14	12	10	8
牙深（半径值）	0.698	0.904	1.016	1.162	1.355	1.626	2.033
切削次数及吃刀量（直径值） 1 次	0.8	0.8	0.8	0.8	0.9	1	1.2
2 次	0.4	0.6	0.6	0.6	0.6	0.7	0.7
3 次	0.16	0.3	0.5	0.5	0.6	0.6	0.6
4 次		0.11	0.14	0.3	0.4	0.4	0.5
5 次				0.13	0.21	0.4	0.5
6 次						0.16	0.4
7 次							0.17

5）螺纹起点与螺纹终点轴向尺寸的确定

如图 4-18 所示，由于车削螺纹起始需要一个加速过程，结束前有一个减速过程，为了避免在加速和减速过程中切削螺纹而影响螺距的精度，因此车螺纹时，两端必须设置足够的升速进刀段 δ_1 和减速退刀段 δ_2。在实际生产中，一般 δ_1 值取 2～5mm，大螺纹和高精度的螺纹取大值；δ_2 值不得大于退刀槽宽度的一半左右，取 1～3mm。若螺纹收尾处没有退刀槽时，一般按 45°退刀收尾。

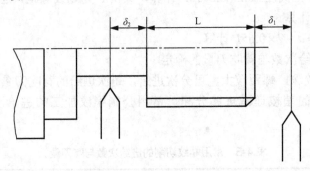

图 4-18   螺纹的进刀和退刀

6）普通螺纹的检测

对于一般标准螺纹，都采用螺纹环规或塞规来测量，如图 4-19 所示。在测量外螺纹时，如果螺纹"过端"环规正好旋进，而"止端"环规旋不进，则说明所加工的螺纹符合要求，反之就不合格。测量内螺纹时，采用螺纹塞规，以相同的方法进行测量。除螺纹环规或塞规测量外，还可以利用其他量具进行测量，用螺纹千分尺测量螺纹中径，如图 4-20 用齿厚游标卡尺测量梯形螺纹中径牙厚和蜗杆节径齿厚，采用量针根据三针测量法测量螺纹中径。

图 4-19   螺纹环规、塞规   图 4-20   螺纹千分尺

2. 单行程螺纹切削指令 G32

用 G32 指令可加工固定导程的圆柱螺纹或圆锥螺纹，也可用于加工端面螺纹。G32 直进式切削方法，由于两侧刃同时工作，切削力较大，而且排屑困难，因此在切削时，两切削刃容易磨损。在切削螺距较大的螺纹时，由于切削深度较大，刀刃磨损较快，从而造成螺纹中径产生误差；但是其加工的牙形精度较高，因此一般多用于小螺距螺纹加工。由于其刀具的切入、切削、切出、返回都靠编程来完成，所以加工程序较长；由于刀刃容易磨损，因此加工中要做到勤加测量。

程序格式如下：

```
G32 X(U)Z(W)F;
```

其中：

（1）X、Z——螺纹切削终点的绝对坐标（X 为直径值）；

（2）U、W——螺纹切削终点相对切削起点的增量坐标（U 为直径值）；

（3）F——螺纹的导程（mm）。

G32 加工直螺纹时如图 4-21 所示，每一次加工分四步：进刀（AB）→切削（BC）→退刀（CD）→返回（DA）。

G32 加工锥螺纹时如图 4-21（b）所示，切削斜角 α 在 45°以下的圆锥螺纹时，螺纹导程以 Z 方向指定，大于 45°时，螺纹导程以 X 方向指定。

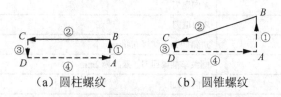

（a）圆柱螺纹　　　　（b）圆锥螺纹

图 4-21　单行程螺纹切削指令 G32 进刀路径

3. G32 编程示例

1）圆柱螺纹加工

例 4-4　如图 4-22 所示，螺纹外径已车至 $\phi29.8$mm，4×2 的退刀槽已加工。用 G32 编制该螺纹的加工程序。

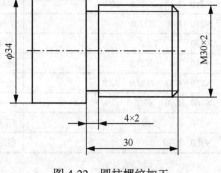

图 4-22　圆柱螺纹加工

解：（1）螺纹加工尺寸计算

螺纹的实际牙型高度 $h = 0.65 \times 2 = 1.3$mm

螺纹实际小径：$d_1 = d - 1.3P = (30 - 1.3 \times 2) = 27.4$mm

升速进刀段和减速退刀段分别取 $\delta_1 = 5$mm，$\delta_2 = 2$mm

（2）确定背吃刀量

查表得双边切深为 2.6mm，分五刀切削，分别为 0.9mm、0.6mm、0.6mm、0.4mm 和 0.1mm。

（3）加工程序

参考程序见表 4-7。

表 4-7　圆柱螺纹加工参考程序

程序	程序说明
N010　G40 G97 G99 S400 M03	主轴正转
N020　T0404	选 4 号螺纹刀
N030　G00　X32.0　Z5.0	螺纹加工起点
N040　　　　X29.1	自螺纹大径 30mm 进第一刀，切深 0.9mm

续表

程序	程序说明
N050　G32　Z-28.0　F2.0	螺纹车削第一刀，螺距为 2mm
N060　G00　X32.0	X 向退刀
N070　　　　　Z5.0	Z 向退刀
N080　　　　　X28.5	进第二刀，切深 0.6mm
N090　G32　Z-28.0　F2.0	螺纹车削第二刀，螺距为 2mm
N100　G00　X32.0	X 向退刀
N110　　　　　Z5.0	Z 向退刀
N120　　　　　X27.9	进第三刀，切深 0.6mm
N130　G32　Z-28.0　F2.0	螺纹车削第三刀，螺距为 2mm
N140　G00　X32.0	X 向退刀
N150　　　　　Z5.0	Z 向退刀
N160　　　　　X27.5	进第四刀，切深 0.4mm
N170　G32　Z-28.0　F2.0	螺纹车削第四刀，螺距为 2mm
N180　G00　X32.0	X 向退刀
N190　　　　　Z5.0	Z 向退刀
N200　　　　　X27.4	进第五刀，切深 0.1mm
N210　G32　Z-28.0　F2.0	螺纹车削第五刀，螺距为 2mm
N220　G00　X32.0	X 向退刀
N230　　　　　Z5.0	Z 向退刀
N240　　　　　X27.4	光一刀，切深 0
N250　G32　Z-28.0　F2.0	光一刀，螺距为 2mm
N260　G00　X200.0	X 向退刀
N270　　　　　Z100.0	Z 向退刀，回换刀点
N280　M30	程序结束

2）圆锥螺纹加工

例 4-5　如图 4-23 所示，圆锥螺纹外径已车至小端直径 ϕ19.8mm，大端直径 ϕ24.8mm，4×2 的退刀槽已加工，用 G32 编制该螺纹的加工程序。

解：（1）螺纹加工尺寸计算（如图 4-24 所示）

螺纹的实际牙型高度 $h = 0.65 \times 2 = 1.3$mm

升速进刀段和减速退刀段分别取 $\delta_1 = 3$mm，$\delta_2 = 2$mm

A 点：$X = 19.5$mm，$Z = 3$mm

B 点：$X = 25.3$mm，$Z = -34$mm

提示：加工圆锥螺纹时，要特别注意受 δ_1、δ_2 影响后的螺纹切削起点与终点坐标，以保证螺纹锥度的正确性。

（2）确定背吃刀量

查表得双边切深为 2.6mm，分五刀切削，分别为 0.9mm、0.6mm、0.6mm、0.4mm 和 0.1mm。

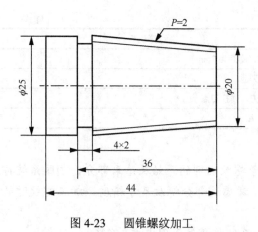

图 4-23 圆锥螺纹加工   图 4-24 圆锥螺纹加工尺寸计算

（3）加工程序

参考程序见表 4-8。

表 4-8 圆锥螺纹加工参考程序

程序	程序说明
O0001;	
N010 G40 G97 G99 S400 M03	主轴正转
N020 T0404	选 4 号螺纹刀
N030 G00 X27.0 Z3.0	螺纹加工起点
N040 X18.6	进第一刀，切深 0.9mm
N050 G32 X24.4 Z-34.0 F2.0	螺纹车削第一刀，螺距为 2mm
N060 G00 X27.0	X 向退刀
N070 Z3.0	Z 向退刀
N080 X18.0	进第二刀，切深 0.6mm
N090 G32 X23.8 Z-34.0 F2.0	螺纹车削第二刀，螺距为 2mm
N100 G00 X27.0	X 向退刀
N110 Z3.0	Z 向退刀
N120 X17.4	进第三刀，切深 0.6mm
N130 G32 X23.2 Z-34.0 F2.0	螺纹车削第三刀，螺距为 2mm
N140 G00 X27.0	X 向退刀
N150 Z3.0	Z 向退刀
N160 X17.0	进第四刀，切深 0.4mm
N170 G32 X22.8 Z-34.0 F2.0	螺纹车削第四刀，螺距为 2mm
N180 G00 X27.0	X 向退刀
N190 Z3.0	Z 向退刀
N200 X16.9	进第五刀，切深 0.1mm
N210 G32 X22.7 Z-34.0 F2.0	螺纹车削第五刀，螺距为 2mm
N220 G00 X27.0	X 向退刀
N230 Z3.0	Z 向退刀
N240 X16.9	光一刀，切深 0mm

程序	程序说明
N250 G32 X22.7 Z-34.0 F2.0	光一刀，螺距为2mm
N260 G00 X200.0	X 向退刀
N270 Z100.0	Z 向退刀，回换刀点
N280 M30	程序结束

说明：

（1）图 4-24 中 δ_1、δ_2 有其特殊的作用，由于螺纹切削的开始及结束部分，伺服系统存在一定程度的滞后，导致螺纹导程不规则，为了考虑这部分螺纹尺寸精度，加工螺纹时的指令要比需要的螺纹长度长（$\delta_1+\delta_2$）。

（2）螺纹切削时，进给速度倍率开关无效，系统将此倍率固定在 100%。

（3）螺纹切削进给中，主轴不能停。若进给停止，切入量急剧增加，很危险，因此进给暂停在螺纹切削中无效。

4.5.5　任意倒角 C 与拐角圆弧过渡 R 指令

任意倒角 C 与拐角圆弧过渡 R 指令可以在直线轮廓和圆弧轮廓之间插入任意倒角或拐角圆弧过渡轮廓，简化编程。倒角和拐角圆弧过渡程序段可以自动地插入在下面的程序段之间：在直线插补和直线插补程序段之间、在直线插补和圆弧插补程序段之间、在圆弧插补和直线插补程序段之间、在圆弧插补和圆弧插补程序段之间。

1. 指令格式

```
C__ ;      (任意倒角)
R__ ;      (拐角圆弧过渡)
```

2. 指令说明

在 C 之后，指定从虚拟拐点到拐角起点和终点的距离。虚拟拐点是假定不执行倒角的情况下，实际存在的拐角点。

将上面的指令加在直线插补（G01）或圆弧插补（G02 或 G03）程序段的末尾时，加工中自动在拐角处加上倒角或过渡圆弧。倒角和拐角圆弧过渡的程序段可连续地指定。

采用倒角 C 与拐角圆弧过渡 R 指令编程时，工件轮廓虚拟拐点坐标必须易于确定，且下一个程序段必须是倒角或拐角圆弧过渡后的轮廓插补加工指令，否则不能切出正确加工轨迹。

例 4-6　如图 4-25（a）所示轮廓编程如下：

```
G01 X70 Z-30 F0.2, C10;    (第一段轮廓轨迹程序段，加入倒角指令)
Z-80;                       (第二段轮廓轨迹程序段，必须有移动量)
```

拐角圆弧过渡编程实例中，刀具实际加工轨迹为 ABCD，E 点为虚拟拐点，有拐角圆弧过渡指令程序段中的轴坐标即为该点坐标。

例 4-7 如图 4-25（b）所示轮廓编程如下：

```
G01 X70 Z-30 F0.2,R20;    (第一段轮廓轨迹程序段,加入拐角圆弧过渡指令)
Z-80;                     (第二段轮廓轨迹程序段,必须有移动量)
```

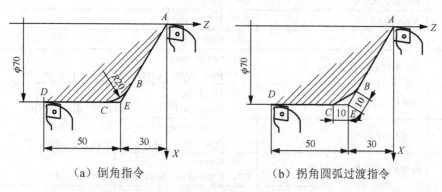

（a）倒角指令   （b）拐角圆弧过渡指令

图 4-25 任意倒角 C 与拐角圆弧过渡 R 指令

4.5.6 暂停指令（G04）

G04 指令的作用是按指定的时间延迟执行下一个程序段，可使刀具做短时间的无进给光整加工，常用于车槽、镗平面、锪孔等场合。

指令格式：

```
G04 X_; 或 G04 U_; 或 G04 P_;
```

其中：

（1）X——指定暂停时间，单位为 s，允许小数点。

（2）U——指定暂停时间，单位为 s，允许小数点。

（3）P——指定暂停时间，单位为 ms，不允许小数点。

例如，暂停时间为 1.5s 时，则程序为：

```
G04 X1.5; 或  G04 U1.5; 或  G04 P1500;
```

4.6 FANUC 系统循环功能

一般而言，不同的数控系统规定的循环指令往往不同。循环功能用于需要分多次往复切削的场合，这种情况下若采用简单的直线移动指令（G00、G01 等），将可能导致程序较长而又烦琐。循环指令可以简化编程，循环功能则由系统自动控制，编程者只需按系统规定的格式书写即可。

FANUC 系统中循环指令较多，表 4-9 列出了几种常用循环指令的功能及其书写格式，供参考。

表 4-9 FANUC 循环及其格式一览表

循环代码	功　能	格　式
G90	内径、外径直线车削循环	G90 X(U) Z(W) F;
	内径、外径锥体车削循环	G90 X(U) Z(W) R F;

循环代码	功　能	格　式
G94	平端面切削循环	G94　X(U)　Z(W)　F;
	斜端面切削循环	G94　X(U)　Z(W)　R　F;
G92	直螺纹切削	G92　X(U)　Z(W) F;
	锥螺纹切削	G92　X(U)　Z(W) R　F;
G71	内、外径粗车循环指令	G71　U(Δd)　R(e); G71　P(ns)　Q(nf)　U(Δu)　W(Δw)　F(f)　S(s)　T(t);
G72	端面粗车循环指令	G72　W(Δd) R(e); G72　P(ns)　Q(nf)　U(Δu)　W(Δw)　F(f)　S(s) T(t);
G73	成形车削循环指令	G73　U(Δi)　W(Δk)　R(d); G73　P(ns)　Q(nf)　U(Δu)　W(Δw)　F(f)　S(s)　T(t);
G74	端面啄式钻孔循环	G74　R(e); G74　X(u)　Z(w)　P(Δi)　Q(Δk)　R(Δd)　F(f);
G75	外经/内径啄式钻孔循环	G75　R(e); G75　X(u)　Z(w)　P(Δi)　Q(Δk)　R(Δd)　F(f);
G70	精车循环指令	G70　P(ns)　Q(nf);
G76	车螺纹循环指令	G76　P(m)(r)(a)　Q(Δdmin)　R(d); G76　X(u)　Z(w)　R(i)　P(k)　Q(Δd)　F(f);

对数控车床而言，非一刀加工完成的轮廓表面和加工余量较大的表面，采用循环编程，可以缩短程序段的长度，减少程序所占内存。各类数控系统固定循环的形式和使用方法（主要是编程方法）相差甚大。

4.6.1 外径／内径切削循环指令 G90

1. 指令格式

```
圆柱切削循环: G90 X(U) Z(W) F ;
圆锥切削循环: G90 X(U) Z(W) R F ;
```

其中：

（1）X、Z——切削终点的绝对坐标；

（2）U、W——切削终点相对于循环起点的坐标增量；

（3）R——圆锥面切削起点和切削终点的半径差；若起点坐标值大于终点坐标值时，（X轴方向），R 为正，反之为负；

（4）F——进给量，应根据切削要求确定。

2. 指令功能

G90 指令主要用于圆柱面和圆锥面的循环切削，如图 4-26 所示。刀具从 *A* 点开始，沿 *X* 轴快速移动到 *B* 点，再以 F 指令的进给速度切削到 *C* 点，以切削进给速度退到 *D* 点，最后快速退回到出发点 *A*，完成一个切削循环，从而简化编程。

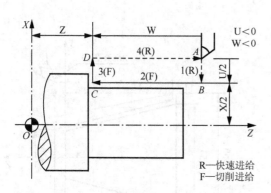

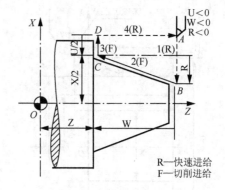

（a）圆柱面切削循环   （b）圆锥面切削循环

图 4-26 G90 切削示意图

3. 编程示例

1）圆柱面切削

如图 4-27 所示，加工一个 ϕ50mm 的工件，固定循环的起始点为（X55.0 Z2.0），背吃刀量为 2.5mm，参考程序如下：

```
O00001;
N10  G40 G97 G99  M03 S600;      主轴正转，转速 600r/min
N20  T0101;                      换 1 号外圆车刀
N30  G00  X55.0  Z2.0;           快速进刀至循环起点
N40  G90  X45.0  Z-25.0  F0.2;   外圆切削循环第一次
N50       X40.0;                 外圆切削循环第二次
N60       X35.0;                 外圆切削循环第三次
N70  G00  X200.0  Z100.0;        快速回换刀点
N80  M30;                        程序结束
```

2）圆锥面切削

如图 4-28 所示，加工一个 ϕ60mm 的工件，固定循环的起始点为（X65.0 Z2.0），背吃刀量为 5mm，参考程序如下：

```
O00001;
N10 G40 G97 G99  M03 S600;         主轴正转，转速 600r/min
N20 T0101;                         换 1 号刀
N30 G42 G00 X65.0 Z2.0;            建立刀具半径右补偿，快速进刀至循环起点
N40 G90 X60.0 Z-35.0 R-5.0 F0.2;   锥面切削循环第一次
N50     X50.0;                     锥面切削循环第二次
N60 G40 G00 X200.0  Z100.0;        取消刀具半径补偿，快速回换刀点
N70 M30;                           程序结束
```

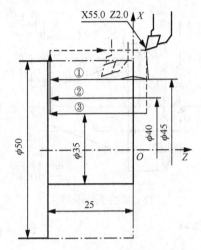

图 4-27   G90 的应用（圆柱面切削）

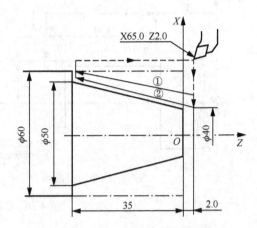

图 4-28   G90 的应用（圆锥面切削）

4.6.2   端面切削循环（G94）

1. 指令格式

平端面切削循环：G94 X(U) Z(W) F ；

斜端面切削循环：G94 X(U) Z(W) R F ；

其中：

（1）X、Z——切削终点的绝对坐标；

（2）U、W——切削终点相对于循环起点的坐标增量；

（3）R——圆锥面切削起点和切削终点的半径差；若起点坐标值大于终点坐标值时，（X 轴方向），R 为正，反之为负；

（4）F——进给量，应根据切削要求确定。

2. 指令功能

G94 指令主要用于大小径之差较大而轴向台阶长度较短的盘类工件端面切削，如图 4-29 所示。刀具沿着 1R 路线快速移到开始，沿着 2F 进给路线、3F 进给中路线，最后经过 4R 快速退回到出发点，完成一个切削循环，从而简化编程。

G94 与 G90 指令的使用方法类似，可以互相代替。G90 主要用于轴类零件的切削，G94 的特点是选用刀具的端面切削刃作为主切削刃，以车端面的方式进行循环加工，如图 4-30 所示。G90 与 G94 的区别在于：G90 是在工件径向做分层粗加工，而 G94 是在工件轴向做分层粗加工，如图 4-30 所示。

例 4-8   试用端面切削循环编制如图 4-31 所示的工件，固定循环的起始点为（X85.0 Z5.0），背吃刀量为 5mm，参考程序如下：

```
O0001;
N10  G40 G97 G99  M03 S600;        主轴正转，转速 600r/min
N20  T0101;                        换 1 号刀
N30  G00  X85.0  Z5.0;             快速进刀至循环起点
```

```
N40 G94 X30.0 Z-5.0 F0.2;          端面切削循环第一次
N50            Z-10.0;              端面切削循环第二次
N60            Z-15.0;              端面切削循环第三次
N70 G00 X200.0 Z100.0;             快速回换刀点
N80 M30;                           程序结束
```

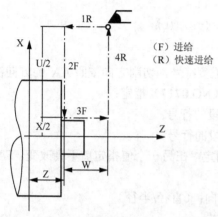
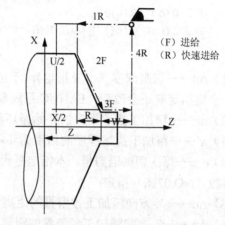

（a）圆柱面切削循环　　　　　　　　　　（b）圆锥面切削循环

图 4-29　G94 切削示意

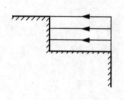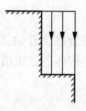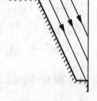

（a）圆柱面切削循环　　（b）圆锥面切削循环　　（c）平端面切削循环　　（d）斜端面切削循环

图 4-30　固定循环的选择

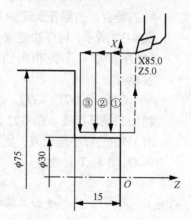

图 4-31　G94 的应用

4.6.3 G71 外圆粗车循环与 G70 精加工循环

1. 指令格式

1）G71 外圆粗车循环

```
G71 U(Δd) R(e);
G71 P(ns) Q(nf) U(Δu) W(Δw) F(f) S(s) T(t);
```

其中：

（1）Δd——切削深度（半径指定）；不指定正负符号，切削方向依照 AA′的方向决定，在另一个值指定前不会改变，FANUC 系统参数（NO.0717）指定；

（2）ns——精加工描述程序的开始循环程序段的行号；

（3）nf——精加工描述程序的结束循环程序段的行号；

（4）e——每次切削退刀量；本指定是状态指定，在另一个值指定前不会改变，FANUC 系统参数（NO.0718）指定；

（5）Δu——X 方向精加工预留量的距离及方向；（直径/半径）

（6）Δw——Z 方向精加工预留量的距离及方向。

2）精加工循环指令 G70

```
G70P(ns)Q(nf);
```

其中：

（1）ns——精加工描述程序的开始循环程序段的行号；

（2）nf——精加工描述程序的结束循环程序段的行号。

2. 指令功能

G71 多重复合循环，只需指定粗加工的背吃刀量和精加工路线，系统就会自动计算出粗加工路线和加工次数，完成从粗加工到精加工的全部过程，因此可大大简化编程。

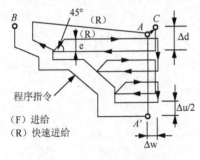

图 4-32　G71 指令示意图

G71 指令应用于切除一次性加工即能加工到规定尺寸的场合。主要在加工余量多、粗车的情况下使用。如图 4-32 所示，程序决定 $A{\rightarrow}A'{\rightarrow}B$ 的精加工形状，用Δd（切削深度）车掉指定的区域，留精加工预留量Δu/2 及Δw。

G70 用 G71、G72、G73 指令粗加工完毕后，可用精加工循环指令。在 G71 的程序段中指令的 G、S 及 T，对 G70 的程序段无效。因而在顺序号 ns 到 nf 之间指令的 G、S 和 T 有效。

注意：

（1）G71 指令必须带有 P、Q 地址 ns、nf，且与精加工路径起、止顺序号对应，否则不能进行该循环加工。

（2）ns 的程序段必须为 G00/G01 指令，即从 A 到 A' 的动作必须是直线或点定位运动。

（3）在顺序号为 ns 到顺序号为 nf 的程序段中，不应包含子程序。

例4-9 试用外径粗加工复合循环 G71 编制图 4-33 所示零件的加工程序。参考程序如下：

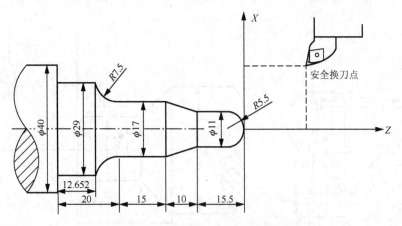

图 4-33 G71 外径复合循环编程实例

```
O0001;
N010 M03 S500 T0101;
N020 G00 X41 Z0;
N030 G71 U2 R1;
N040 G71 P50 Q120 U0.5 W0.2 F0.2;
N050 G01 X0 F0.05;
N060 G03 X11 W-5.5 R5.5;
N070 G01 W-10;
N080 X17 W-10;
N090 W-15;
N100 G02 X29 W-7.348 R7.5;
N110 G01 W-12.652;
N120 X41;
N130 G70 P50 Q120;
N140 M30;
```

4.6.4 端面车削固定循环（G72）

1. 指令格式

G72 W(Δd)R(e);
G72 P(ns)Q(nf)U(Δu)W(Δw)F(f)S(s)T(t);

其中：

Δt、e、ns、nf、Δu、Δw、f、s 及 t 的含义与 G71 相同。

2. 指令功能

G72 指令除切削是沿平行 X 轴方向进行外，该指令功能与 G71 相同。切削循环轨迹如图 4-34 所示。

例 4-10   试用端面车削固定循环 G72 编制图 4-35 所示零件的加工程序。参考程序如下：

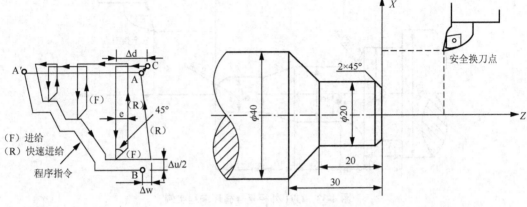

图 4-34   G72 指令示意图   图 4-35   G72 端面车削固定循环

```
O0001;
N010 M03 S500 T0101;
N020 G00 X41 Z1;
N030 G72 W1 R1;
N040 G72 P50 Q80 U0.1 W0.2 F0.2;
N050 G00 Z-30;
N060 G01 X20 Z-20 F0.05;
N070 Z-2;
N080 X16 Z0;
N090 G70 P50 Q80;
N100 M30
```

4.6.5   成型加工复式循环（G73）

1. 指令格式

```
G73 U(Δi)W(Δk)R(d);
G73 P(ns)Q(nf)U(Δu)W(Δw)F(f)S(s)T(t);
```

其中：

（1）Δi——X 轴方向退刀距离(半径指定)，FANUC 系统参数(NO.0719)指定；

（2）Δk——Z 轴方向退刀距离(半径指定)，FANUC 系统参数(NO.0720)指定；

（3）d——分割次数；这个值与粗加工重复次数相同，FANUC 系统参数(NO.0719)指定；

（4）ns——精加工形状程序的第一个段号；

（5）nf——精加工形状程序的最后一个段号；

（6）Δu——X 方向精加工预留量的距离及方向；(直径/半径)

（7）Δw——Z 方向精加工预留量的距离及方向。

2. 指令功能

G73 用于重复切削一个逐渐变换的固定形式，用本循环，可有效地切削一个用粗加工锻造或铸造等方式已经加工成型的工件，切削循环轨迹如图 4-36 所示。

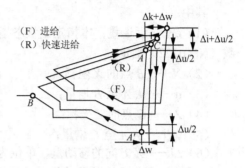

图 4-36　G73 指令示意图

注意：

（1）背吃刀量分别通过 X 轴方向总退刀量 Δi 和 Z 轴方向总退刀量 Δk 除以循环次数 d 求得。总退刀量 Δi 与 Δk 值的设定与工件的切削深度有关。

（2）使用固定形状切削复合循环指令，首先要确定换刀点、循环点 A、切削始点 A' 和切削终点 B 的坐标位置。

例 4-11　试用成型加工复式循环 G73 编制图 4-32 所示零件的加工程序。参考程序如下：

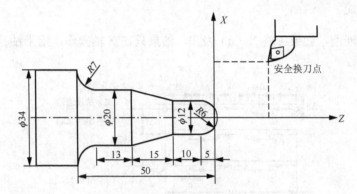

图 4-37　G73 成型加工复式循环

```
O0001;
N010 M03 S500 T0101;
N020 G00 X50 Z10;
N030 G73 U18 W5 R10;
N040 G73 P50 Q100 U0.5 W0.5 F0.2;
N050 G01 X0 Z1 F0.05;
N060 G03 X12 W-6 R6;
N070 G01 W-10;
N080 X20 W-15;
N090 W-13;
N100 G02 X34 W-7 R7;
N110 G70 P50 Q100;
N120 M30
```

4.6.6　端面啄式钻孔循环（G74）

1. 指令格式

G74 R(e);

G74 X(u)Z(w)P(Δi)Q(Δk)R(Δd)F(f);

其中：

（1）e——后退量；本指定是状态指定，在另一个值指定前不会改变。FANUC 系统参数（NO.0722）指定；

（2）X——B 点的 X 坐标；

（3）u——从 A 至 B 增量；

（4）Z——C 点的 Z 坐标；

（5）w——从 A 至 C 增量；

（6）Δi——X 方向的移动量，单位为 μm；

（7）Δk——Z 方向的移动量，单位为 μm；

（8）Δd——在切削底部的刀具退刀量。Δd 的符号一定是（+）。但是，如果 X（u）及 Δi 省略，可用所要的正负符号指定刀具退刀量；

（9）f——进给率。

2. 指令功能

G74 可处理断削，如果省略 X（u）及 P，结果只在 Z 轴操作，用于钻孔。切削循环轨迹如图 4-38 所示。

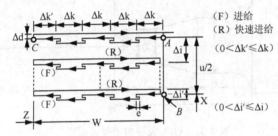

图 4-38　G74 指令示意图

例 4-12　试用端面啄式钻孔循环 G74 编制如图 4-39 所示零件的加工程序。参考程序如下：

```
...
G00 X0 Z2;
G74 R1;
G74 Z-12 Q5000 F30 S250;
G00 X60 Z40;
...
```

图 4-39　端面啄式钻孔循环

4.6.7　外径／内径啄式钻孔循环（G75）

1. 指令格式

```
G75 R(e);
G75 X(u)Z(w)P(Δi)Q(Δk)R(Δd)F(f);
```

参数的含义与 G74 相同。

2. 指令功能

如图 4-40 所示除 X 用 Z 代替外与 G74 相同，本循环可处理断削，可在 X 轴割槽及 X 轴啄式钻孔，切削循环轨迹。

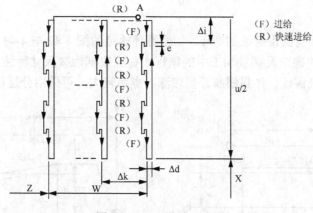

图 4-40　G75 指令示意图

例 4-13　试用外圆切槽复合循环 G75 编制如图 4-41 所示零件的加工程序。参考程序如下：

```
...
G00 X42 Z22 S400;
G75 R1;
G75 X30 Z10 P3000 Q2900 F30;
G00 X60 Z70;
...
```

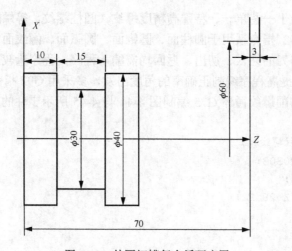

图 4-41　外圆切槽复合循环应用

4.6.8 切削螺纹循环（G92）

1. 指令格式

```
G92 X(u)___ Z(w)___ R___F___;
```

其中：

（1）X(u)、Z(w)——螺纹终点坐标；

（2）F——螺纹导程，单位是 mm；

（3）R——圆锥螺纹起点、终点的半径差值，当起点尺寸小于终点尺寸时，R 为负值；加工圆柱螺纹时，R 值为 0。加工锥螺纹时，当 X 向切削起点坐标小于终点坐标时，R 为负；反之，为正。

2. 指令功能

G92 是切削圆柱与圆锥螺纹的循环，切削循环轨迹如图 4-42 与 4-43 所示。螺纹起点与螺纹终点径向尺寸的确定及螺纹加工中的编程大径应根据螺纹尺寸标注和公差要求进行计算，并由外圆车削来保证。如果螺纹牙型较深、螺距较大，可采用分层切削。

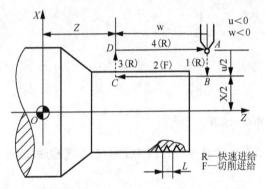

图 4-42 圆柱螺纹循环示意图

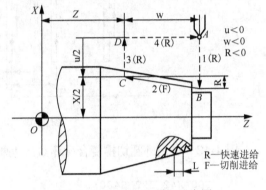

图 4-43 圆锥螺纹循环示意图

3. G32 与 G92 的区别

G32 指令主要用于一些单一、特殊高精度螺纹（圆柱螺纹、等螺距的锥螺纹和端面螺纹）的切削加工。G92 指令适用于圆柱面、圆锥面、圆弧面、螺纹面等零件的切削加工。G32 指令加工时，车刀的切入、切出、返回均需编入程序，程序量较长且易出错。所以从减少程序段的长度，提高程序编制正确率的角度出发，多采用 G92 指令编程。

例 4-14 试用切削螺纹循环 G75 编制图 4-44 与 4-45 所示零件的加工程序。参考程序如下：

```
O0001；（圆柱螺纹加工）
M03 S450 T0303；
G00 X36 Z3；
G92 X29.1 Z-28 F2；
X28.5；
X27.9；
X27.5；
```

```
X27.4;
X27.4;
G00 X100 Z100;
M30;

O0001;（圆锥螺纹加工）
M03 S450 T0303;
G00 X36 Z3;
G92 X29.1 Z-28 R-3.1 F2;(19.5-25.3/2=-3.1mm)
X24.4;
X23.8;
X23.2;
X27.4;
X22.8;
X22.7;
X22.7;
G00 X100 Z100;
M30;
```

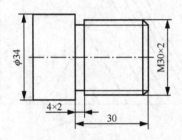

图 4-44 圆柱螺纹加工

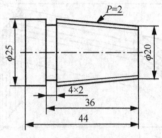

图 4-45 圆锥螺纹加工

4.6.9 螺纹切削循环（G76）

1. 指令格式

```
G76 P(m)(r)(a)Q(Δdmin)R(d);
G76 X(u)Z(w)R(i)P(k)Q(Δd)F(f);
```

其中：

（1）m——精加工重复次数（1 至 99）；本指定是状态指定，在另一个值指定前不会改变。FANUC 系统参数（NO.0723）指定。

（2）r——到角量；本指定是状态指定，在另一个值指定前不会改变。FANUC 系统参数（NO.0109）指定。

（3）a——刀尖角度；可选择 80°、60°、55°、30°、29°、0°，用两位数指定；本指定是状态指定，在另一个值指定前不会改变。FANUC 系统参数（NO.0724）指定；如 P（02/m、12/r、60/a）。

（4）Δdmin——最小切削深度；本指定是状态指定，在另一个值指定前不会改变。FANUC 系统参数（NO.0726）指定。

（5）i——螺纹部分的半径差；如果 i=0，可做一般直线螺纹切削。

（6）k—螺纹高度；这个值在 X 轴方向用半径值指定，单位为 μm。

（7）Δd——第一次的切削深度（半径值），单位为 μm；

（8）f——螺纹导程（与 G32）。

2. 指令功能

G76 是螺纹切削循环，常用作大螺距螺纹加工。

注意：

（1）按 G76 段中的 X（u）和 Z（w）指令实现循环加工，增量编程时，要注意 u 和 w 的正负号（由刀具轨迹 AC 和 CD 段的方向决定），如图 4-46 所示。

（2）G76 循环进行单边切削，减小了刀尖的受力。第一次切削时切削深度为 Δd，第 n 次的切削总深度为 Δd_n，每次循环的背吃刀量为 $\Delta d(\sqrt{n} - \sqrt{n-1})$，如图 4-47 所示。

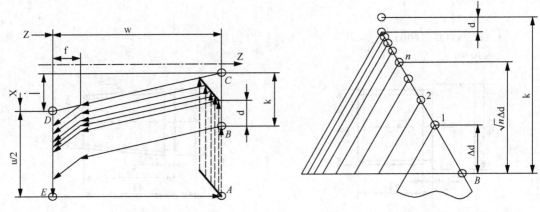

图 4-46 螺纹切削复合循环 G76   图 4-47 G76 循环单边切削及其参数

例 4-15 试用切削螺纹循环 G76 编制如图 4-48 所示零件的加工程序。

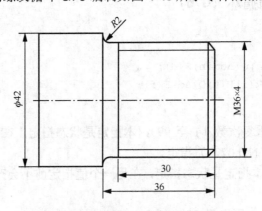

图 4-48 螺纹切削复合循环应用

根据螺纹切削复合循环指令 G76 的参数含义，设定精加工次数为 1 次，斜向退刀量为 4mm，刀尖为 60°，最小切深取 0.1mm，精加工余量取 0.1mm，螺纹高度为 2.6mm，第一次切深取 0.7mm，螺距为 4mm，螺纹小径为 30.8mm。参考程序如下：

```
...
G00 X45 Z5;
G76 P011060 Q0.1 R0.1;
G76 X30.8 Z-30 R0 P2600 Q700 F4;
M30; (主程序结束并复位)
```

4.7 刀具补偿功能的编程方法

4.7.1 刀具补偿功能

在数控编程过程中，为了编程人员编程方便，通常将数控刀具假想成一个点。在编程时，一般不考虑刀具的长度与半径，而只考虑刀位点与编程轨迹重合。但在实际加工过程中，由于刀具半径与刀具长度各不相同，在加工中势必造成很大的加工误差。因此，实际加工时必须通过刀具补偿指令，使数控机床根据实际使用的刀具尺寸，自动调整各坐标轴的移动量，确保实际加工轮廓和编程轨迹完全一致。数控机床的这种根据实际刀具尺寸，自动改变坐标轴位置，使实际加工轮廓和编程轨迹完全一致的功能，称为刀具补偿功能。

4.7.2 刀尖圆弧半径补偿（G40、G41、G42）

1. 刀尖圆弧半径补偿的定义

在实际加工中，由于刀具产生磨损及精加工的需要，常将车刀的刀尖修磨成半径较小的圆弧，这时的刀位点为刀尖圆弧的圆心。为确保工件轮廓形状，加工时不允许刀具刀尖圆弧的圆心运动轨迹与被加工工件轮廓重合，而应与工件轮廓偏移一个半径值，这种偏移称为刀尖圆弧半径补偿。圆弧形车刀的刀刃半径偏移也与其相同。

目前，较多车床数控系统都具有刀尖圆弧半径补偿功能。在编程时，只要按工件轮廓进行编程，再通过系统补偿一个刀尖圆弧半径即可。但有些车床数控系统却没有刀尖圆弧补偿功能。对于这些系统（机床），若要加工精度较高的圆弧或圆锥表面时，则要通过计算来确定刀尖圆心运动轨迹，然后再进行编程。

2. 假想刀尖与刀尖圆弧半径

在理想状态下，我们总是将尖形车刀的刀位点假想成一个点，该点即为假想刀尖（图 4-49 中的 A 点），在对刀时也是以假想刀尖进行对刀。但实际加工中的车刀，由于工艺或其他要求，刀尖往往不是一个理想的点，而是一段圆弧（如图 4-49 中的 BC 圆弧）。

所谓刀尖圆弧半径是指车刀刀尖圆弧所构成的假想圆半径（图 4-49 中的 r）。实践中，所有车刀均有大小不等或近似的刀尖圆弧，假想刀尖在实际加工中是不存在的。

3. 未使用刀尖圆弧半径补偿时的加工误差分析

用圆弧刀尖的外圆车刀切削加工时，圆弧刃车刀（图 4-49 所示）的对刀点分别为 B 点和 C 点，所形成的假想刀位点为 A 点，但在实际加工过程中，刀具切削点在刀尖圆弧上变动，从而在加工过程中可能产生过切或少切现象。因此，采用圆弧刃车刀在不使用刀尖圆弧半径补偿功能的情况下，加工工件会出现以下几种误差情况。

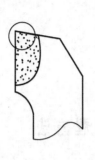
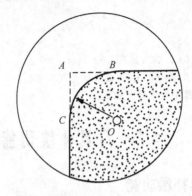

图 4-49　假想刀尖示意图

（1）加工台阶面或端面时，对加工表面的尺寸和形状影响不大，但在端面的中心位置和台阶的清角位置会产生残留误差，如图 4-50（a）所示。

（2）加工圆锥面时，对圆锥的锥度不会产生影响，但对锥面的大小端尺寸会产生较大的影响，通常情况下，会使外锥面的尺寸变大（图 4-50（b）所示），而使内锥面的尺寸变小。

（3）加工圆弧时，会对圆弧的圆度和圆弧半径产生影响。加工外凸圆弧时，会使加工后的圆弧半径变小，其值=理论轮廓半径 R-刀尖圆弧半径 r，如图 4-50（c）所示。加工内凹圆弧时，会使加工后的圆弧半径变大，其值=理论轮廓半径 R+刀尖圆弧半径 r，如图 4-50（d）所示。

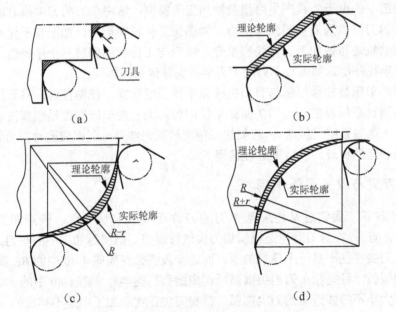

图 4-50　未使用刀尖圆弧补偿功能时的误差分析

4. 刀尖圆弧半径补偿指令

1）指令格式

```
G41 G01/G00  X    Y    F ;      （刀尖圆弧半径左补偿）
G42 G01/G00  X    Y    F ;      （刀尖圆弧半径右补偿）
```

```
G40 G01/G00  X   Y  ；              （取消刀尖圆弧半径补偿）
```

2）指令说明

编程时，刀尖圆弧半径补偿偏置方向的判别如图 4-51 所示。向着 Y 坐标轴的负方向并沿刀具的移动方向看，当刀具处在加工轮廓左侧时，称为刀尖圆弧半径左补偿，用 G41 表示；当刀具处在加工轮廓右侧时，称为刀尖圆弧半径右补偿，用 G42 表示。

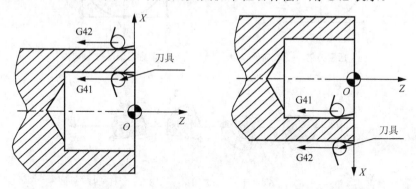

（a）后置刀架，+Y 轴向外　　　　（b）前置刀架，+Y 轴向内

图 4-51　刀尖圆弧半径补偿偏置方向的判别

在判别刀尖圆弧半径补偿偏置方向时，一定要沿 Y 轴由正向负观察刀具所处的位置，故应特别注意前置刀架（图 4-51（b）所示）和后置刀架（图 4-51（a）所示）对刀尖圆弧半径补偿偏置方向的区别。对于前置刀架，为防止判别过程中出错，可在图样上将工件、刀具及 X 轴同时绕 Z 轴旋转 180° 后再进行偏置方向的判别，此时正 Y 轴向外，刀补的偏置方向则与后置刀架的判别方向相同。

5. 圆弧车刀刀沿位置的确定

数控车床采用刀尖圆弧补偿进行加工时，如果刀具的刀尖形状和切削时所处的位置（即刀沿位置）不同，那么刀具的补偿量与补偿方向也不同。根据各种刀尖形状及刀尖位置的不同，数控车刀的刀沿位置共有 9 种，如图 4-52 所示。

除 9 号刀沿外，数控车床的对刀均是以假想刀位点来进行的。也就是说，在刀具偏移存储器中或 G54 坐标系设定的值是通过假想刀尖点（图 4-52（c）中 P 点）进行对刀后所得的机床坐标系中的绝对坐标值。

数控车床刀尖圆弧补偿 G41/G42 的指令后不带任何补偿号。在 FANUC 系统中，该补偿号（代表所用刀具对应的刀尖半径补偿值）由 T 指令指定，其刀尖圆弧补偿号与刀具偏置补偿号对应。在 SIEMENS 系统中，其补偿号由 D 指令指定，其后的数字表示刀具偏移存储器号。

在判别刀沿位置时，同样要沿 Y 轴由正向负方向观察刀具，同时也要特别注意前、后置刀架的区别。前置刀架的刀沿位置判别方法与刀尖圆弧补偿偏置方向判别方法相似，也可将刀具、工件、X 轴绕 Z 轴旋转 180°，使正 Y 轴向外，从而使前置刀架转换成后置刀架来进行判别。例如，当刀尖靠近卡盘侧时，不管是前置刀架还是后置刀架，其外圆车刀的刀沿位置号均为 3 号。

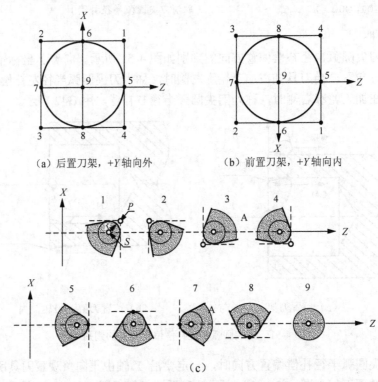

（a）后置刀架，+Y轴向外　　　　　（b）前置刀架，+Y轴向内

（c）

P—假想刀尖点；S—刀沿圆心位置；r—刀尖圆弧半径

图 4-52　数控车床的刀沿位置

6. 刀尖圆弧半径补偿过程

刀尖圆弧半径补偿的过程分为三步，即刀补的建立、刀补的进行和刀补的取消。其补偿过程通过图 4-53（外圆车刀的刀沿号为 3 号）和加工程序 O0010 共同说明。

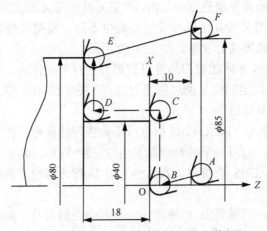

AB—刀补建立；BCDE—刀补进行；EF—刀补取消

图 4-53　刀尖圆弧半径补偿过程

图 4-53 所示补偿过程的加工程序如下：

```
O0010
N10 G98 G40 G21;           (程序初始化)
N20 T0101;                 (转1号刀，执行1号刀补)
N30 M03 S1 000;            (主轴按1 000r/min正转)
N40 G00 X0.0 Z10.0;        (快速点定位)
N50 G42 G01 X0.0 Z0.0 F100; (刀补建立)
N60     X40.0;        ⎫
N70     Z-18.0;       ⎬ (刀补进行)
N80     X80.0;        ⎭
N90 G40 G00 X85.0 Z10.0;   (刀补取消)
N100 G28 U0 W0;            (返回参考点)
N110 M30;
```

1）刀补的建立

刀补的建立指刀具从起点接近工件时，车刀圆弧刃的圆心从与编程轨迹重合过渡到与编程轨迹偏离一个偏置量的过程。该过程的实现必须与 G00 或 G01 功能在一起才有效。

刀具补偿过程通过 N50 程序段建立。当执行 N50 程序段后，车刀圆弧刃的圆心坐标位置由以下方法确定：将包含 G42 语句的下边两个程序段（N60、N70）预读，连接在补偿平面内最近两移动语句的终点坐标（图4-53中的 BC 连线），其连线的垂直方向为偏置方向，根据 G41 或 G42 来确定偏向哪一边，偏置的大小由刀尖圆弧半径值（设置在图4-51所示画面中）决定。经补偿后，车刀圆弧刃的圆心坐标值为[0, (0+刀尖圆弧半径)]。

2）刀补进行

在 G41 或 G42 程序段后，程序进入补偿模式，此时车刀圆弧刃的圆心与编程轨迹始终相距一个偏置量，直到刀补取消。

在该补偿模式下，机床同样要预读两段程序，找出当前程序段所示刀具轨迹与下一程序段偏置后的刀具轨迹交点，以确保机床把下一段工件轮廓向外补偿一个偏置量，如图4-53中的 C 点、D 点等。

3）刀补取消

刀具离开工件，车刀圆弧刃的圆心轨迹过渡到与编程轨迹重合的过程称为刀补取消，如图4-53中的 EF 段（即 N90 程序段）。

刀补的取消用 G40 来执行，需要特别注意的是，G40 必须与 G41 或 G42 成对使用。

7. 进行刀具半径补偿时应注意的事项

（1）刀具半径补偿模式的建立与取消程序段只能在 G00 或 G01 移动指令模式下才有效。虽然现在有部分系统也支持 G02、G03 模式，但为防止出现差错，在半径补偿建立与取消程序段最好不使用 G02、G03 指令。

（2）G41/G42 不带参数，其补偿号（代表所用刀具对应的刀尖半径补偿值）由 T 指令指定。该刀尖圆弧半径补偿号与刀具偏置补偿号对应。

（3）采用切线切入方式或法线切入方式建立或取消刀补。对于不便于沿工件轮廓线方向切向或法向切入、切出时，可根据情况增加一个过渡圆弧的辅助程序段。

（4）为了防止在刀具半径补偿建立与取消过程中刀具产生过切现象，在建立与取消补偿时，程序段的起始位置与终点位置最好与补偿方向在同一侧。

（5）在刀具补偿模式下，一般不允许存在连续两段以上的补偿平面内非移动指令，否则刀具也会出现过切等危险动作。补偿平面非移动指令通常指仅有 G、M、S、F、T 指令的程序段（如 G90，M05）及程序暂停程序段（G04 X10.0）。

（6）在选择刀尖圆弧偏置方向和刀沿位置时，要特别注意前置刀架和后置刀架的区别。

例 4-16 试用刀具补偿功能等指令编写图 4-54 所示工件的加工程序（ϕ60 外圆已加工好）。

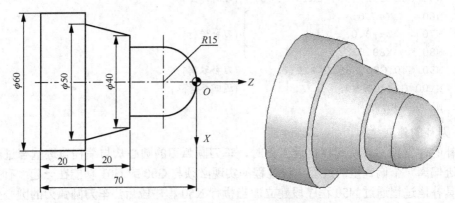

图 4-54 刀具补偿功能加工实例

本课题加工技巧提示：本课题采用刀具偏移的方法进行对刀，并按工件轮廓编写粗、精加工程序。粗加工前，将 X 向刀具长度偏移值+0.4 输入 1 号刀具偏移存储器，以保证粗加工后留有 0.4mm（直径量）的精加工余量，粗加工不采用刀尖圆弧半径补偿。精加工时提高转速、降低进给速度，并采用刀尖圆弧半径补偿进行加工，以保证工件轮廓的尺寸精度、形状精度及表面粗糙度。本例加工程序见表 4-10。

表 4-10 刀具补偿功能加工实例参考程序

程序	程序说明
O0021;	加工左端内轮廓
G99 G21 G40 F0.2;	程序初始化
T0101;	换 1 号外圆粗车刀
M03 S600;	主轴正转，600r/min
G00 X100.0 Z100.0 M08;	刀具至目测安全位置
X62.0 Z2.0;	刀具定位至循环起点
…	去余量粗加工
G28 U0 W0;	返回参考点
/M00 M05;	粗加工后的暂停
T0202;	换 2 号外圆精车刀
M03 S1 200;	精加工转速为 1 200r/min
G00 X62.0 Z2.0;	刀具定位至精加工起点
G42 G01 X0.0 Z0.0 F0.1;	精加工，取刀尖圆弧半径右补偿
G03 X30.0 Z-15.0 R15.0;	
G01 Z-30.0;	
X40.0;	
X50.0 Z-50.0;	
X62.0;	

续表

程序	程序说明
G40 G00 X62.0 Z2.0;	取消刀尖圆弧半径补偿
G28 U0 W0;	刀具返回参考点
M05;	主轴停转
M30;	程序结束

4.7.3 刀具磨损偏置及应用

在 CNC 车床上，磨损偏置适用于刀具在 Z 向和 X 向位置偏差的调整和补偿，或是对刀具磨损后引起的偏差补偿，或是用来调整同一刀架上的刀具刀位点相对基准刀刀位点间的位置偏差。

磨损偏置的值就是调整刀具刀位点在程序中的值与工件实际测量尺寸值之间的差别。如图 4-55 所示为刀具磨损偏置的原理，这里为了强调，放大了其比例。

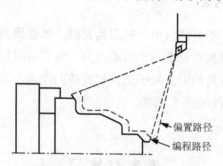

图 4-55　刀具磨损偏置的原理

表 4-11 所示为磨损偏置寄存器，形式与几何尺寸形状偏置表一致。

表 4-11　刀具磨损偏置表

编号	X～偏置	Z～偏置	半径	刀尖
01	0.000	0.000	0.400	3
02	0.000	0.420	0.000	0
03	0.083	0.000	0.400	3
04	0.000	−0.850	0.000	0
05	0.025	−0.560	0.000	0
06	−0.030	0.000	0.800	2
07	0.000	0.000	0.000	0

刀具磨损偏置的应用举例如下。

1. 对已经磨损但尚可以继续使用的刀具的调整

妥善处置已经磨损但尚可以继续使用的刀具，必须调整编写好的刀具轨迹，协调它以适应加工条件。这种情况下，可以不改变程序本身，而只改变刀具的磨损偏置值，这是刀具磨损偏置最基本的应用。

2. 应用程序试切削时，对工件实际尺寸调整

通常，一旦设定刀具的几何尺寸偏置，该值将不再改变。对工件实际尺寸的调整只能一般由磨损偏置来完成。例如，$\phi80mm$ 的直径是零件的设计要求，加工工件检测中，测量得到的实际尺寸如$\phi80.004$，可将微小的值-0.004 输入磨损偏置寄存器。这种调整对 CNC 保证零件的加工质量有用。

3. 变换刀片与刀具磨损偏置

由于各种原因，在工作半途变换刀片是很正常的，为了保持良好的切削条件并使尺寸公差符合图纸规范。刀片的标准很高，但不同来源的刀片间允许有一定的公差浮动。如果改变刀片，为了确保工作的精确，宜调整磨损偏置，这样可避免产生废品。

4. 刀具间相对位置调整

一个数控车床加工程序不可能只由一把刀具完成，如要用到外圆车刀、螺纹车刀、切断刀等多把刀具。在多把刀具中设定一个基准刀具，对刀时只用基准刀具试切对刀，确定刀具与工件的位置关系，而其他刀具处于工作位置的刀位点与基准刀具处于工作位置的刀位点的偏差可用磨损偏置的方法进行调整。

思考与练习

1. 数控手工编程的内容与步骤是什么？手工编程与自动编程分别适应什么样的场合？
2. 数控车床编程特点是什么？
3. 什么是机床坐标系？什么是机床原点、机床参考点？什么是工件坐标系？
4. 一个完整的程序由哪几个部分组成？
5. 什么是模态指令？什么是非模态指令？
6. M02、M05、M30 指令的功能是什么？它们相互间有何联系？
7. 试写出一个完整的数控程序段，并说明各部分的组成。
8. 什么叫代码分组？什么叫模态代码？什么叫开机默认代码？
9. 常用的圆弧车削方法有哪些？
10. 螺纹起点与螺纹终点轴向尺寸的确定原则是什么？
11. 试对未使用刀尖圆弧半径补偿时的加工误差进行分析？
12. 刀尖圆弧半径补偿过程是什么？
13. 分别用 G32、G92 指令编写图 4-56、图 4-57 的加工程序，材料为硬铝。

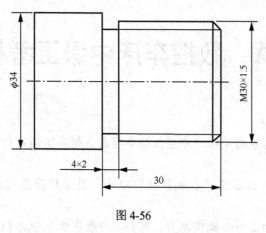

图 4-56

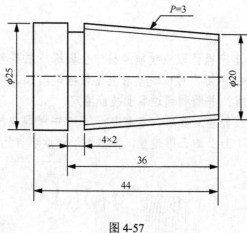

图 4-57

第5章　数控车床中级工考核实例

📖 **学习目标**

❖ 了解国家职业技能鉴定标准中应知应会要求，结合实例进行综合训练，达到中级工考核标准的要求。
❖ 通过分析实例的加工工艺及编程技能技巧，巩固数控系统常用指令的编程与加工工艺。
❖ 提高数控车床加工中心操作能力、综合工件程序编写能力和工件质量检测能力。

📖 **教学导读**

　　本章教学内容为数控车床操作职业技能考核综合训练，主要考查孔、螺纹、锥面、圆弧方面的知识。通过本章的学习，可以使读者具备数控车削加工技术的综合应用能力，达到数控车床操作中级工要求，并顺利通过职业技能鉴定。

　　按照数控车床中级工技能鉴定要求，本章安排 6 个中级职业技能综合训练实例，下面两个图形为本章考核实例 1 与 2 的三维造型，其他图形请读者自己去想象。

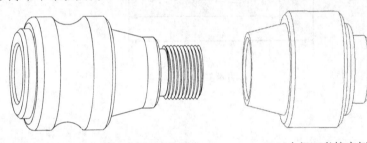

(a) 中级工考核实例1 三维图　　　　　(b) 中级工考核实例2 三维图

📖 **教学建议**

　　（1）在实际操作训练过程中应增加中级工课题的实战练习题，提高学生编程与操作的技能技巧。
　　（2）本章教学的目的就是提高学生解决实际问题的能力，因此要多联系实际问题进行课题的训练与操作。
　　（3）良好的设备保养习惯是靠平时的实践逐渐形成的，所以要在平时的实践中进行强化。
　　（4）实践操作过程中，要经常对图形中的关键尺寸进行测量，防止产生的误差对下道工序造成影响。

5.1　数控车床中级工考核实例 1

5.1.1　课题描述与课题图

加工如图 5-1 所示的工件，试分析其加工步骤并编写数控车床加工程序。已知毛坯尺寸为 ϕ50mm×82mm。

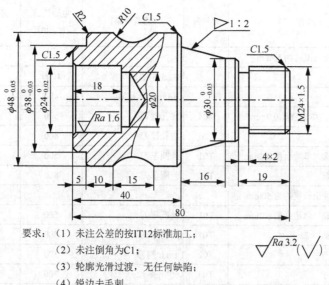

要求：（1）未注公差的按IT12标准加工；

（2）未注倒角为C1；

（3）轮廓光滑过渡，无任何缺陷；

（4）锐边去毛刺。

图 5-1　数控车床中级工考核实例 1

5.1.2　课题分析

此工件编程与操作难度一般，从图样中可以看到该轴上有台阶、凹圆弧、退刀槽、螺纹、内孔及倒角、圆角，其中内孔表面粗糙度值要求较高，其他要求一般，零件采用三爪卡盘装夹。将工件坐标系 G54 建立在工件端面圆心处。

1. 工艺分析

本课题采用工序集中的原则，划分的加工工序为：工序一为粗、精加工孔及轮廓表面；工序二为钳工加工去毛刺。

2. 数控工序卡编制

编写数控工序卡时，首先确定该工序加工的工步内容；然后根据每个工步内容选择刀具；最后根据所选择的刀具、刀具材料及工件材料确定其切削用量。本例加工工序卡见表 5-1。

表 5-1　数控车床中级工考核实例 1 加工工序卡

数控实训中心	数控加工工序卡片		零件名称			零件图号
			中级工实例 1			5-1
工艺序号	程序编号	夹具名称	夹具编号		使用设备	车　间
5-1	O0001 O0002 O0003	三爪卡盘			CAK6136	数控车床车间
工步号	工步内容	刀具号	刀具规格	主轴转速 (r/min)	进给速度 (mm/r)	备注
1	夹工件右端，伸出长度约为 50mm					
2	打左端面定位孔		B2.5 中心钻	1000		
3	钻 ϕ20mm 底孔		ϕ20mm 麻花钻	400		
4	粗镗 ϕ24mm 内孔，单边余量 0.2mm	T04	内孔镗刀	500	0.2	
5	精镗 ϕ24mm 内孔	T04	内孔镗刀	800	0.05	
6	粗车左半段外轮廓，单边余量 0.2mm	T01	外圆车刀	500	0.2	
7	精车左半段外轮廓	T01	外圆车刀	800	0.05	
8	工件调头装夹，伸出长度约为 50mm					包铜皮
9	粗车右半段外轮廓，单边余量 0.2mm	T01	外圆车刀	500	0.2	
10	精车右半段外轮廓	T01	外圆车刀	800	0.05	
11	割退刀槽	T02	4mm 割刀	300	0.05	
12	加工螺纹	T03	60°外螺纹刀	300		
13	工件表面去毛刺					
14	自检后交验					
编制	张欢	审核		批准		共 1 页　第 1 页

5.1.3　课题实施

1. 加工程序编写

参考程序见表 5-2。

表 5-2　数控车床中级工考核实例 1 参考程序

程 序 号	加 工 程 序	程 序 说 明
	O0001	镗孔
N010	G54	程序初始化
N020	M03 S500 T0404	设定粗加工转速，选择外圆刀
N030	G00 X18 Z2	定位到循环起点
N040	G90 X23.6 Z-17.8 F0.2	内孔粗车循环
N050	G00 X26	精镗定位
N060	M03 S800	设定精镗转速
N070	G01 Z0 F0.05	车端面

续表

程　序　号	加 工 程 序	程　序　说　明
N080	X23.99 C1	孔口倒角
N090	Z-18	精镗
N100	G00 X23	X 向退离孔壁
N110	Z200	Z 向退刀
N120	X100	返回换刀点
N130	M05	主轴停转
N140	M02	程序结束
	O0002	加工左端
N010	G54 G21 G40 G97 G99	程序初始化
N020	M03 S500 T0101	设定粗加工转速，选择外圆刀
N030	G00 X52 Z2	定位到循环起点
N040	G73 U6 W0.9 R3	G73 仿形切削循环
N050	G73 P60 Q130 W0.4 W0.2 F0.2	
N060	G01 X0 Z0 F0.05	
N070	X37.99 C1.5	
N080	Z-5	
N090	X47.98 R2	
N100	Z-15	
N110	G02 X47.99 Z-30 R10	
N120	G01 Z-45	
N130	X52	
N140	G70 P60 Q130 S800	G70 精车循坏
N150	G00 X100 Z200	返回换刀点
N160	M05	主轴停转
N170	M02	程序结束
	O0003	加工右端
N010	G54 G21 G40 G97 G99	程序初始化
N020	M03 S500	设定粗加工转速
N030	T0101	选择外圆刀
N040	G00 X52 Z2	定位到循环起点
N050	G71 U3 R1	G71 外圆复合切削循环
N060	G71 P70 Q160 W0.4 W0.2 F0.2	
N070	G00 X0	
N080	G01 Z0 F0.05	
N090	X23.8 C1.5	
N100	Z-19	
N110	X29.99 C1	
N120	Z-24	
N130	X38 Z-40	

程 序 号	加 工 程 序	程 序 说 明
N140	X47.98 C1.5	
N150	Z-45	
N160	X52	
N170	G70 P70 Q160 S800	G70 精车循环
N180	G00 X100 Z200	返回换刀点
N190	M03 S300 T0202	换割刀，设置割槽时转速
N200	G00 X32	割刀定位
N210	Z-19	
N220	G01 X20 F0.05	割退刀槽
N230	G04 P2000	槽底暂停
N240	G00 X100	X 向退刀
N250	Z200	返回换刀点
N260	T0303	换螺纹刀
N270	G00 X26 Z6	定位到螺纹循环起点
N280	G92 X23.2 Z-17 F1.5	G92 螺纹切削循环
N290	X22.6	
N300	X22.2	
N310	X22.05	
N320	X22.05	光刀
N330	X22.05	光刀
N340	G00 X100 Z200	返回换刀点
N350	M05	主轴停转
N360	M02	程序结束

2. 检测与评价（表 5-3）

表 5-3　数控车床中级工考核实例 1 检测与评价表

序号	考核项目	考核内容及要求		评分标准	配分	检测结果	扣分	得分	备注
1	外轮廓	$\phi 38_{-0.03}^{0}$	IT	超差 0.01 扣 0.5 分	6				
		$\phi 48_{-0.05}^{0}$	IT	超差 0.01 扣 0.5 分	6				
		$\phi 30_{-0.03}^{0}$	IT	超差 0.01 扣 0.5 分	6				
		$R10$	IT	超差 0.01 扣 0.5 分	5				
		80	IT	超差 0.01 扣 0.5 分	5				
		40	IT	超差 0.01 扣 0.5 分	5				
		5	IT	超差 0.01 扣 0.5 分	5				
		19	IT	超差 0.01 扣 0.5 分	5				
		4×2	IT	超差 0.01 扣 0.5 分	5				
		Ra		降一处扣 0.5 分	5				
		形状轮廓加工		完成形状轮廓得分	5				

续表

序号	考核项目	考核内容及要求		评 分 标 准	配分	检测结果	扣分	得分	备注
2	内孔	$\phi 24_{-0.02}^{0}$	IT	超差 0.01 扣 0.5 分	6				
		18	IT	超差 0.01 扣 0.5 分	5				
		Ra		降一处扣 0.5 分	5				
		形状轮廓加工		完成形状轮廓得分	5				
3	螺纹	大径	IT	超差 0.01 扣 1 分	5				
		中径	IT	超差 0.01 扣 1 分	5				
		螺距	IT	超差 0.01 扣 1 分	5				
4	倒角圆角	倒角圆角共 6 处		每缺 1 处扣 1 分	6				
5	安全文明生产	(1) 遵守机床安全操作规程				酌情扣 1～5 分			
		(2) 刀具、工具、量具放置规范							
		(3) 设备保养，场地整洁							
6	工艺合理	(1) 工件定位、夹紧及刀具选择合理				酌情扣 1～5 分			
		(2) 加工顺序及刀具轨迹路线合理							
7	程序编制	(1) 指令正确，程序完整				酌情扣 1～5 分			
		(2) 数值计算正确，程序编写精简							
		(3) 刀具补偿功能运用正确、合理							
		(4) 切削参数、坐标系选择正确、合理							
8	其他项目	(1) 毛坯未做倒扣 2～5 分				倒扣			
		(2) 违反操作规程倒扣 2～5 分							
		(3) 未注尺寸公差按照 IT12 标准加工							

5.1.4　课题小结

在本课题中，要理解数控编程步骤中分析零件图样、确定加工工艺、数值计算、编写加工程序、制作控制介质、程序校验各个步骤的含义、具体操作方法和操作内容；G00、G01、G02、G70、G71、G73 指令格式和编程注意事项。应用三爪卡盘和铜皮正确装夹工件；应用试切法对刀并设立工件坐标系；编写工件加工程序；单段方式对工件进行试切加工；对工件和工作过程进行正确的检测和评价。

5.2　数控车床中级工考核实例 2

5.2.1　课题描述与课题图

加工如图 5-2 所示的工件，试分析其加工步骤并编写数控车床加工程序。已知毛坯尺寸为 $\phi 50mm \times 82mm$。

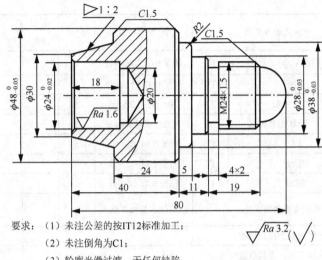

要求：（1）未注公差的按IT12标准加工；

（2）未注倒角为C1；

（3）轮廓光滑过渡，无任何缺陷；

（4）锐边去毛刺。

图 5-2　数控车床中级工考核实例 2

5.2.2　课题分析

此工件编程与操作难度一般，从图样中可以看到该轴上有台阶、半球、退刀槽、螺纹、内孔及倒角、圆角，其中内孔表面粗糙度值要求较高，其他要求一般，零件采用三爪卡盘装夹。将工件坐标系 G54 建立在工件端面圆心处。

1. 工艺分析

本课题采用工序集中的原则，划分的加工工序为：工序一为粗、精加工孔及轮廓表面；工序二为钳工加工去毛刺。

2. 数控工序卡编制

编写数控工序卡时，首先确定该工序加工的工步内容；然后根据每个工步内容选择刀具；最后根据所选择的刀具、刀具材料及工件材料确定其切削用量。本例加工工序卡见表 5-4。

表 5-4　数控车床中级工考核实例 2 加工工序卡

数控实训中心	数控加工工序卡片		零件名称		零件图号	
			中级工实例 2		5-2	
工艺序号	程序编号	夹具名称	夹具编号	使用设备	车　　间	
5-2	O0001 O0002 O0003	三爪卡盘		CAK6136	数控车床车间	
工步号	工步内容	刀具号	刀具规格	主轴转速 (r/min)	进给速度 (mm/r)	备注
1	夹工件右端，伸出长度约为50mm					

续表

工步号	工步内容	刀具号	刀具规格	主轴转速 (r/min)	进给速度 (mm/r)	备注
2	打左端面定位孔		B2.5 中心钻	1000		
3	钻φ20mm 底孔		φ20mm 麻花钻	400		
4	粗镗φ24mm 内孔，单边余量 0.2mm	T04	内孔镗刀	500	0.2	
5	精镗φ24mm 内孔	T04	内孔镗刀	800	0.05	
6	粗车左半段外轮廓，单边余量 0.2mm	T01	外圆车刀	500	0.2	
7	精车左半段外轮廓	T01	外圆车刀	800	0.05	
8	工件调头装夹，伸出长度约为 50mm					包铜皮
9	粗车右半段外轮廓，单边余量 0.2mm	T01	外圆车刀	500	0.2	
10	精车右半段外轮廓	T01	外圆车刀	800	0.05	
11	割退刀槽	T02	4mm 割刀	300	0.05	
12	加工螺纹	T03	60°外螺纹刀	300		
13	工件表面去毛刺					
14	自检后交验					
编制	张欢	审核		批准	共1页 第1页	

5.2.3　课题实施

1. 加工程序编写

参考程序见表 5-5。

表 5-5　数控车床中级工考核实例 2 参考程序

程序号	加工程序	程序说明
	O0001	镗孔
N010	G54 M03 S500 T0404	建立坐标系，设定粗加工转速，选择镗刀
N020	G00 X18 Z2	定位到循环起点
N030	G90 X23.6 Z-17.8 F0.2	内孔粗车循环
N040	G00 X26	精镗定位
N050	M03 S800	设定精镗转速
N060	G01 Z0 F0.05	车端面
N070	X23.99 C1	孔口倒角
N080	Z-18	精镗
N090	G00 X23	X 向退离孔壁
N100	Z200	Z 向退刀
N110	X100	返回换刀点
N120	M05	主轴停转
N130	M02	程序结束
	O0002	加工左端
N010	G54 M03 S500 T0101	建立坐标系，设定粗加工转速，选择外圆刀

程 序 号	加 工 程 序	程 序 说 明
N020	G00 X52 Z2	定位到循环起点
N030	G71 U3 R1	G71 外圆复合切削循环
N040	G71 P50 Q110 W0.4 W0.2 F0.2	
N050	G00 X0	
N060	G01 Z0 F0.05	
N070	X30	
N080	X38 Z-16	
N090	X47.98 C1.5	
N100	Z-45	
N110	X52	
N120	G70 P50 Q110 S800	G70 精车循环
N130	G00 X100 Z200	返回换刀点
N140	M05	主轴停转
N150	M02	程序结束
	O0003	加工右端
N010	G54 M03 S500 T0101	建立坐标系，设定粗加工转速，选择外圆刀
N020	G00 X52 Z2	定位到循环起点
N030	G71 U3 R1	G71 外圆复合切削循环
N040	G71 P50 Q160 W0.4 W0.2 F0.2	
N050	G00 X0	
N060	G01 Z0 F0.05	
N070	G03 X20 Z-10 R10	
N080	G01 X23.8 C1.5	
N090	Z-29	
N100	X27.99 C1	
N110	Z-35	
N120	X37.99 R2	
N130	Z-40	
N140	X47.98 C1.5	
N150	Z-45	
N160	X52	
N170	G70 P50 Q160 S800	G70 精车循环
N180	G00 X100 Z200	返回换刀点
N190	M03 S300 T0202	换割刀，设置割槽时转速
N200	G00 X32	割刀定位
N210	Z-29	
N220	G01 X20 F0.05	割退刀槽
N230	G04 P2000	槽底暂停
N240	G00 X100	X 向退刀
N250	Z200	返回换刀点
N260	T0303	换螺纹刀

续表

程 序 号	加 工 程 序	程 序 说 明
N270	G00 X26 Z-4	定位到螺纹循环起点
N280	G92 X23.2 Z-17 F1.5	G92 螺纹切削循环
N290	X22.6	
N300	X22.2	
N310	X22.05	
N320	X22.05	光刀
N330	X22.05	光刀
N340	G00 X100 Z200	返回换刀点
N350	M02	程序结束

2. 检测与评价（表 5-6）

表 5-6　数控车床中级工考核实例 2 检测与评价表

序号	考核项目	考核内容及要求		评 分 标 准	配分	检测结果	扣分	得分	备注
1	外轮廓	$\phi 38^{0}_{-0.03}$	IT	超差 0.01 扣 0.5 分	6				
		$\phi 48^{0}_{-0.05}$	IT	超差 0.01 扣 0.5 分	6				
		$\phi 28^{0}_{-0.03}$	IT	超差 0.01 扣 0.5 分	6				
		$R10$	IT	超差 0.01 扣 0.5 分	5				
		80	IT	超差 0.01 扣 0.5 分	5				
		40	IT	超差 0.01 扣 0.5 分	5				
		5	IT	超差 0.01 扣 0.5 分	5				
		19	IT	超差 0.01 扣 0.5 分	5				
		4×2	IT	超差 0.01 扣 0.5 分	5				
		Ra		降一处扣 0.5 分	5				
		形状轮廓加工		完成形状轮廓得分	5				
2	内孔	$\phi 24^{0}_{-0.02}$	IT	超差 0.01 扣 0.5 分	6				
		18	IT	超差 0.01 扣 0.5 分	5				
		Ra		降一处扣 0.5 分	5				
		形状轮廓加工		完成形状轮廓得分	5				
3	螺纹	大径	IT	超差 0.01 扣 1 分	5				
		中径	IT	超差 0.01 扣 1 分	5				
		螺距	IT	超差 0.01 扣 1 分	5				
4	倒角圆角	倒角圆角共 6 处		每缺 1 处扣 1 分	6				
5	安全文明生产	（1）遵守机床安全操作规程				酌情扣 1~5 分			
		（2）刀具、工具、量具放置规范							
		（3）设备保养，场地整洁							

续表

序号	考核项目	考核内容及要求	评分标准	配分	检测结果	扣分	得分	备注
6	工艺合理	(1) 工件定位、夹紧及刀具选择合理				酌情扣1～5分		
		(2) 加工顺序及刀具轨迹路线合理						
7	程序编制	(1) 指令正确，程序完整				酌情扣1～5分		
		(2) 数值计算正确，程序编写精简						
		(3) 刀具补偿功能运用正确、合理						
		(4) 切削参数、坐标系选择正确、合理						
8	其他项目	(1) 毛坯未做倒扣 2～5 分				倒扣		
		(2) 违反操作规程倒扣 2～5 分						
		(3) 未注尺寸公差按照 IT12 标准加工						

5.2.4　课题小结

在本课题中，要理解数控编程步骤中分析零件图样、确定加工工艺、数值计算、编写加工程序、制作控制介质、程序校验各个步骤的含义、具体操作方法和操作内容；右侧的圆弧不能留有台阶，影响整体精度。应用三爪卡盘和铜皮正确装夹工件；应用试切法对刀并设立工件坐标系；编写工件加工程序；单段方式对工件进行试切加工；对工件和工作过程进行正确的检测和评价。

5.3　数控车床中级工考核实例 3

5.3.1　课题描述与课题图

加工如图 5-3 所示的工件，试分析其加工步骤并编写数控车床加工程序。已知毛坯尺寸为 ϕ50mm×82mm。

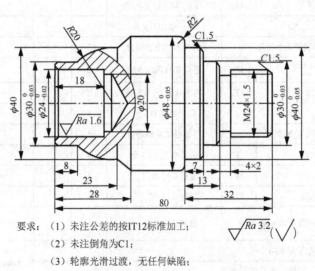

要求：(1) 未注公差的按IT12标准加工；
(2) 未注倒角为C1；
(3) 轮廓光滑过渡，无任何缺陷；
(4) 锐边去毛刺。

图 5-3　数控车床中级工考核实例 3

5.3.2 课题分析

此工件编程与操作难度一般,从图样中可以看到该轴上有台阶、凸圆、退刀槽、螺纹、内孔及倒角、圆角,其中内孔表面粗糙度值要求较高,其他要求一般,零件采用三爪卡盘装夹。将工件坐标系 G54 建立在工件端面圆心处。

1. 工艺分析

本课题采用工序集中的原则,划分的加工工序为:工序一为粗、精加工孔及轮廓表面;工序二为钳工加工去毛刺。

2. 数控工序卡编制

编写数控工序卡时,首先确定该工序加工的工步内容;然后根据每个工步内容选择刀具;最后根据所选择的刀具、刀具材料及工件材料确定其切削用量。本例加工工序卡见表 5-7。

表 5-7 数控车床中级工考核实例 3 加工工序卡

数控实训中心	数控加工工序卡片		零件名称		零件图号	
			中级工实例 3		5-3	
工艺序号	程序编号	夹具名称	夹具编号	使用设备	车 间	
5-3	O0001 O0002 O0003	三爪卡盘		CAK6136	数控车床车间	
工步号	工步内容	刀具号	刀具规格	主轴转速 (r/min)	进给速度 (mm/r)	备注
1	夹工件右端,伸出长度约为 60mm					
2	打左端面定位孔		B2.5 中心钻	1000		
3	钻 ϕ20mm 底孔		ϕ20mm 麻花钻	400		
4	粗镗 ϕ24mm 内孔,单边余量 0.2mm	T04	内孔镗刀	500	0.2	
5	精镗 ϕ24mm 内孔	T04	内孔镗刀	800	0.05	
6	粗车左半段外轮廓,单边余量 0.2mm	T01	外圆车刀	500	0.2	
7	精车左半段外轮廓	T01	外圆车刀	800	0.05	
8	工件调头装夹,伸出长度约为 50mm					包铜皮
9	粗车右半段外轮廓,单边余量 0.2mm	T01	外圆车刀	500	0.2	
10	精车右半段外轮廓	T01	外圆车刀	800	0.05	
11	割退刀槽	T02	4mm 割刀	300	0.05	
12	加工螺纹	T03	60°外螺纹刀	300		
13	工件表面去毛刺					
14	自检后交验					
编制	张欢	审 核		批 准		共1页 第1页

5.3.3 课题实施

1. 加工程序编写

参考程序见表 5-8。

表 5-8 数控车床中级工考核实例 3 参考程序

程 序 号	加 工 程 序	程 序 说 明
	O0001	镗孔
N010	G54 M03 S500 T0404	建立坐标系,设定粗加工转速,选择镗刀
N020	G00 X18 Z2	定位到循环起点
N030	G90 X23.6 Z-17.8 F0.2	内孔粗车循环
N040	G00 X26	精镗定位
N050	M03 S800	设定精镗转速
N060	G01 Z0 F0.05	车端面
N070	X23.99 C1	孔口倒角
N080	Z-18	精镗
N090	G00 X23	X 向退离孔壁
N100	Z200	Z 向退刀
N110	X100	返回换刀点
N120	M05	主轴停转
N130	M02	程序结束
	O0002	加工左端
N010	G54 M03 S500 T0101	建立坐标系,设定粗加工转速,选择外圆刀
N020	G00 X52 Z2	定位到循环起点
N030	G71 U3 R1	G71 外圆复合切削循环
N040	G71 P50 Q120 W0.4 W0.2 F0.2	
N050	G00 X0	
N060	G01 Z0 F0.05	
N070	X29.99 C1	
N080	Z-16	
N090	G03 X40 Z-23 R20	
N100	G01 X47.98 Z-28	
N110	Z-50	
N120	X52	
N130	G70 P50 Q120 S800	G70 精车循环
N140	G00 X100 Z200	返回换刀点
N150	M05	主轴停转
N160	M02	程序结束
	O0003	加工右端
N010	G54 M03 S500 T0101	建立坐标系,设定粗加工转速,选择外圆刀
N020	G00 X52 Z2	定位到循环起点
N030	G71 U3 R1	G71 外圆复合切削循环

续表

程 序 号	加 工 程 序	程 序 说 明
N040	G71 P50 Q150 W0.4 W0.2 F0.2	
N050	G00 X0	
N060	G01 Z0 F0.05	
N070	G01 X23.8 C1.5	
N080	Z-19	
N090	X29.99 C1	
N100	Z-25	
N110	X39.98 C1.5	
N120	Z-32	
N130	X47.98 R2	
N140	Z-40	
N150	X52	
N160	G70 P50 Q150 S800	G70 精车循环
N170	G00 X100 Z200	返回换刀点
N180	M03 S300 T0202	换割刀，设置割槽时转速
N190	G00 X32	割刀定位
N200	Z-19	
N210	G01 X20 F0.05	割退刀槽
N220	G04 P2000	槽底暂停
N230	G00 X100	X 向退刀
N240	Z200	返回换刀点
N250	T0303	换螺纹刀
N260	G00 X26 Z6	定位到螺纹循环起点
N270	G92 X23.2 Z-17 F1.5	G92 螺纹切削循环
N280	X22.6	
N290	X22.2	
N300	X22.05	
N310	X22.05	光刀
N320	X22.05	光刀
N330	G00 X100 Z200	返回换刀点
N340	M05 M02	主轴停转程序结束

2. 检测与评价（表 5-9）

表 5-9 数控车床中级工考核实例 3 检测与评价表

序号	考核项目	考核内容及要求		评分标准	配分	检测结果	扣分	得分	备注
1	外轮廓	$\phi 40_{-0.05}^{0}$	IT	超差 0.01 扣 0.5 分	6				
		$\phi 48_{-0.05}^{0}$	IT	超差 0.01 扣 0.5 分	6				
		$\phi 30_{-0.03}^{0}$	IT	超差 0.01 扣 0.5 分	6				

序号	考核项目	考核内容及要求		评分标准	配分	检测结果	扣分	得分	备注
1	外轮廓	$R20$	IT	超差 0.01 扣 0.5 分	5				
		80	IT	超差 0.01 扣 0.5 分	5				
		32	IT	超差 0.01 扣 0.5 分	5				
		7	IT	超差 0.01 扣 0.5 分	5				
		13	IT	超差 0.01 扣 0.5 分	5				
		4×2	IT	超差 0.01 扣 0.5 分	5				
		Ra		降一处扣 0.5 分	5				
		形状轮廓加工		完成形状轮廓得分	5				
2	内孔	$\phi24_{-0.02}^{0}$	IT	超差 0.01 扣 0.5 分	6				
		18	IT	超差 0.01 扣 0.5 分	5				
		Ra		降一处扣 0.5 分	5				
		形状轮廓加工		完成形状轮廓得分	5				
3	螺纹	大径	IT	超差 0.01 扣 1 分	5				
		中径	IT	超差 0.01 扣 1 分	5				
		螺距	IT	超差 0.01 扣 1 分	5				
4	倒角圆角	倒角圆角共 6 处		每缺 1 处扣 1 分	6				
5	安全文明生产	(1) 遵守机床安全操作规程				酌情扣 1～5 分			
		(2) 刀具、工具、量具放置规范							
		(3) 设备保养，场地整洁							
6	工艺合理	(1) 工件定位、夹紧及刀具选择合理				酌情扣 1～5 分			
		(2) 加工顺序及刀具轨迹路线合理							
7	程序编制	(1) 指令正确，程序完整				酌情扣 1～5 分			
		(2) 数值计算正确，程序编写精简							
		(3) 刀具补偿功能运用正确、合理							
		(4) 切削参数、坐标系选择正确、合理							
8	其他项目	(1) 毛坯未做倒扣 2～5 分				倒扣			
		(2) 违反操作规程倒扣 2～5 分							
		(3) 未注尺寸公差按照 IT12 标准加工							

5.3.4 课题小结

在本课题中，要理解数控编程步骤中分析零件图样、确定加工工艺、数值计算、编写加工程序、制作控制介质、程序校验各个步骤的含义、具体操作方法和操作内容；G00、G01、G03、G70、G71 指令格式和编程注意事项。应用三爪卡盘和铜皮正确装夹工件；应用试切法对刀并设立工件坐标系；编写工件加工程序；单段方式对工件进行试切加工；对工件和工作过程进行正确的检测和评价。

5.4 数控车床中级工考核实例 4

5.4.1 课题描述与课题图

加工如图 5-4 所示的工件，试分析其加工步骤并编写数控车床加工程序。已知毛坯尺寸为 $\phi50mm \times 82mm$。

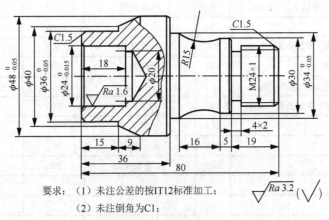

要求：（1）未注公差的按IT12标准加工；

（2）未注倒角为C1；

（3）轮廓光滑过渡，无任何缺陷；

（4）锐边去毛刺。

图 5-4 数控车床中级工考核实例 4

5.4.2 课题分析

此工件编程与操作难度一般，从图样中可以看到该轴上有台阶、凹圆弧、退刀槽、螺纹、内孔及倒角，其中内孔表面粗糙度值要求较高，其他要求一般，零件采用三爪卡盘装夹。将工件坐标系 G54 建立在工件端面圆心处。

1. 工艺分析

本课题采用工序集中的原则，划分的加工工序为：工序一为粗、精加工孔及轮廓表面；工序二为钳工加工去毛刺。

2. 数控工序卡编制

编写数控工序卡时，首先确定该工序加工的工步内容；然后根据每个工步内容选择刀具；最后根据所选择的刀具、刀具材料及工件材料确定其切削用量。本例加工工序卡见表 5-10。

表 5-10 数控车床中级工考核实例 4 加工工序卡

数控实训中心	数控加工工序卡片		零件名称		零件图号
			中级工实例 4		5-4
工艺序号	程序编号	夹具名称	夹具编号	使用设备	车 间
5-4	O0001 O0002 O0003	三爪卡盘		CAK6136	数控车床车间

续表

工步号	工步内容	刀具号	刀具规格	主轴转速 (r/min)	进给速度 (mm/r)	备注
1	夹工件右端，伸出长度约为50mm					
2	打左端面定位孔		B2.5 中心钻	1000		
3	钻φ20mm 底孔		φ20mm 麻花钻	400		
4	粗镗φ24mm 内孔，单边余量0.2mm	T04	内孔镗刀	500	0.2	
5	精镗φ24mm 内孔	T04	内孔镗刀	800	0.05	
6	粗车左半段外轮廓，单边余量0.2mm	T01	外圆车刀	500	0.2	
7	精车左半段外轮廓	T01	外圆车刀	800	0.05	
8	工件调头装夹，伸出长度约为48mm					包铜皮
9	粗车右半段外轮廓，单边余量0.2mm	T01	外圆车刀	500	0.2	
10	精车右半段外轮廓	T01	外圆车刀	800	0.05	
11	割退刀槽	T02	4mm 割刀	300	0.05	
12	加工螺纹	T03	60°外螺纹刀	300		
13	工件表面去毛刺					
14	自检后交验					
编制	李兵 审核		批 准		共1页 第1页	

5.4.3 课题实施

1. 加工程序编写

参考程序见表 5-11。

表 5-11 数控车床中级工考核实例 4 参考程序

程 序 号	加 工 程 序	程 序 说 明
	O0001	镗孔
N010	G54 M03 S500 T0404	建立坐标系，设定粗加工转速，选择镗刀
N020	G00 X18 Z2	定位到循环起点
N030	G90 X23.6 Z-17.8 F0.2	内孔粗车循环
N040	G00 X26	精镗定位
N050	M03 S800	设定精镗转速
N060	G01 Z0 F0.05	车端面
N070	X23.99 C1	孔口倒角
N080	Z-18	精镗
N090	G00 X23	X 向退离孔壁
N100	Z200	Z 向退刀
N110	X100	返回换刀点
N120	M05	主轴停转
N130	M02	程序结束
	O0002	加工左端

续表

程 序 号	加 工 程 序	程 序 说 明
N010	G54 M03 S500 T0101	建立坐标系,设定粗加工转速,选择外圆刀
N020	G00 X52 Z2	定位到循环起点
N030	G71 U3 R1	G71 外圆复合切削循环
N040	G71 P50 Q120 W0.4 W0.2 F0.2	
N050	G00 X0	
N060	G01 Z0 F0.05	
N070	X35.98 C1.5	
N080	Z-15	
N090	X40	
N100	X47.98 Z-24	
N110	Z-38	
N120	X52	
N130	G70 P50 Q120 S800	G70 精车循环
N140	G00 X100 Z200	返回换刀点
N150	M05	主轴停转
N160	M02	程序结束
	O0003	加工右端
N010	G54 M03 S500 T0101	建立坐标系,设定粗加工转速,选择外圆刀
N020	G00 X52 Z2	定位到循环起点
N030	G73 U13 W13 R6	G73 仿形切削循环
N040	G73 P50 Q150 W0.4 W0.2 F0.2	
N050	G00 X0 Z2	
N060	G01 Z0 F0.05	
N070	X23.8 C1.5	
N080	Z-19	
N090	X29.98 C1	
N100	Z-24	
N110	G02 X33.98 Z-40 R15	
N120	G01 Z-44	
N130	X45.98	
N140	X49.98 Z-46	
N150	X52	
N160	G70 P50 Q150 S800	G70 精车循环
N170	G00 X100 Z200	返回换刀点
N180	M03 S300 T0202	换割刀,设置割槽时转速
N190	G00 X32	割刀定位
N200	Z-19	
N210	G01 X20 F0.05	割退刀槽
N220	G04 P2000	槽底暂停
N230	G00 X100	X 向退刀
N240	Z200	返回换刀点

程 序 号	加 工 程 序	程 序 说 明
N250	T0303	换螺纹刀
N260	G00 X26 Z6	定位到螺纹循环起点
N270	G92 X23.4 Z-17 F1	G92 螺纹切削循环
N280	X23	
N290	X22.8	
N300	X22.7	
N310	X22.7	
N320	G00 X100 Z200	返回换刀点
N330	M05	主轴停转
N340	M02	程序结束

2. 检测与评价（表5-12）

表5-12 数控车床中级工考核实例4检测与评价表

序号	考核项目	考核内容及要求		评 分 标 准	配分	检测结果	扣分	得分	备注
1	外轮廓	$\phi 48_{-0.05}^{0}$	IT	超差 0.01 扣 0.5 分	6				
		$\phi 36_{-0.05}^{0}$	IT	超差 0.01 扣 0.5 分	6				
		$\phi 34_{-0.05}^{0}$	IT	超差 0.01 扣 0.5 分	6				
		$R15$	IT	超差 0.01 扣 0.5 分	5				
		80 ± 0.1	IT	超差 0.01 扣 0.5 分	5				
		36	IT	超差 0.01 扣 0.5 分	5				
		15	IT	超差 0.01 扣 0.5 分	5				
		19	IT	超差 0.01 扣 0.5 分	5				
		4×2	IT	超差 0.01 扣 0.5 分	5				
		Ra		降一处扣 0.5 分	5				
		形状轮廓加工		完成形状轮廓得分	5				
2	内孔	$\phi 24_{-0.015}^{0}$	IT	超差 0.01 扣 0.5 分	6				
		18	IT	超差 0.01 扣 0.5 分	5				
		Ra		降一处扣 0.5 分	5				
		形状轮廓加工		完成形状轮廓得分	5				
3	螺纹	大径	IT	超差 0.01 扣 1 分	5				
		中径	IT	超差 0.01 扣 1 分	5				
		螺距	IT	超差 0.01 扣 1 分	5				
4	倒角圆角	倒角圆角共 6 处		每缺 1 处扣 1 分	6				
5	安全文明生产	(1) 遵守机床安全操作规程			酌情扣 1~5 分				
		(2) 刀具、工具、量具放置规范							
		(3) 设备保养，场地整洁							

续表

序号	考核项目	考核内容及要求	评分标准	配分	检测结果	扣分	得分	备注
6	工艺合理	(1) 工件定位、夹紧及刀具选择合理				酌情扣 1~5 分		
		(2) 加工顺序及刀具轨迹路线合理						
7	程序编制	(1) 指令正确，程序完整				酌情扣 1~5 分		
		(2) 数值计算正确，程序编写精简						
		(3) 刀具补偿功能运用正确、合理						
		(4) 切削参数、坐标系选择正确、合理						
8	其他项目	(1) 毛坯未做倒扣 2~5 分				倒扣		
		(2) 违反操作规程倒扣 2~5 分						
		(3) 未注尺寸公差按照 IT12 标准加工						

5.4.4 课题小结

在本课题中，要理解数控编程步骤中分析零件图样、确定加工工艺、数值计算、编写加工程序、制作控制介质、程序校验各个步骤的含义、具体操作方法和操作内容；注意在选择中间凹圆弧加工刀具时，副切削刃不能碰到已加工的圆弧。应用三爪卡盘和铜皮正确装夹工件；应用试切法对刀并设立工件坐标系；编写工件加工程序；单段方式对工件进行试切加工；对工件和工作过程进行正确的检测和评价。

5.5 数控车床中级工考核实例 5

5.5.1 课题描述与课题图

加工如图 5-5 示的工件，试分析其加工步骤并编写数控车床加工程序。已知毛坯尺寸为 $\phi 50mm \times 82mm$。

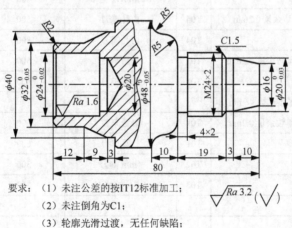

要求：（1）未注公差的按IT12标准加工；

（2）未注倒角为C1；

（3）轮廓光滑过渡，无任何缺陷；

（4）锐边去毛刺。

图 5-5 数控车床中级工考核实例 5

5.5.2 课题分析

此工件编程与操作难度一般，从图样中可以看到该轴上有台阶、圆弧、螺纹、内孔及倒角、圆角，其中内孔表面粗糙度值要求较高，其他要求一般，零件采用三爪卡盘装夹。将工件坐标系 G54 建立在工件端面圆心处。

1. 工艺分析

本课题采用工序集中的原则，划分的加工工序为：工序一为粗、精加工孔及轮廓表面；工序二为钳工加工去毛刺。

2. 数控工序卡编制

编写数控工序卡时，首先确定该工序加工的工步内容；然后根据每个工步内容选择刀具；最后根据所选择的刀具、刀具材料及工件材料确定其切削用量。本例加工工序卡见表 5-13。

表 5-13 数控车床中级工考核实例 5 加工工序卡

数控实训中心	数控加工工序卡片		零件名称			零件图号
			中级工实例 5			5-5
工艺序号	程序编号	夹具名称	夹具编号		使用设备	车 间
5-5	O0001 O0002 O0003	三爪卡盘			CAK6136	数控车床车间
工步号	工步内容		刀具号	刀具规格	主轴转速 (r/min)	进给速度 (mm/r)	备注
---	---	---	---	---	---	---	---
1	夹工件右端，伸出长度约为 50mm						
2	打左端面定位孔			B2.5 中心钻	1000		
3	钻 ϕ20mm 底孔			ϕ20mm 麻花钻	400		
4	粗镗 ϕ24mm 内孔，单边余量 0.2mm		T04	内孔镗刀	500	0.2	
5	精镗 ϕ24mm 内孔		T04	内孔镗刀	800	0.05	
6	粗车左半段外轮廓，单边余量 0.2mm		T01	外圆车刀	500	0.2	
7	精车左半段外轮廓		T01	外圆车刀	800	0.05	
8	工件调头装夹，伸出长度约为 46mm						包铜皮
9	粗车右半段外轮廓，单边余量 0.2mm		T01	外圆车刀	500	0.2	
10	精车右半段外轮廓		T01	外圆车刀	800	0.05	
11	割退刀槽		T02	4mm 割刀	300	0.05	
12	加工螺纹		T03	60°外螺纹刀	300		
13	工件表面去毛刺						
14	自检后交验						
编制	李兵	审 核		批 准		共 1 页 第 1 页	

5.5.3 课题实施

1. 加工程序编写

参考程序见表 5-14。

表 5-14 数控车床中级工考核实例 5 参考程序

程 序 号	加 工 程 序	程 序 说 明
	O0001	镗孔
N010	G54 M03 S500 T0404	建立坐标系,设定粗加工转速,选择镗刀
N020	G00 X18 Z2	定位到循环起点
N030	G90 X23.6 Z-17.8 F0.2	内孔粗车循环
N040	G00 X26	精镗定位
N050	M03 S800	设定精镗转速
N060	G01 Z0 F0.05	车端面
N070	X23.99 C1	孔口倒角
N080	Z-18	精镗
N090	G00 X23	X 向退离孔壁
N100	Z200	Z 向退刀
N110	X100	返回换刀点
N120	M05	主轴停转
N130	M02	程序结束
	O0002	加工左端
N010	G54 M03 S500 T0101	建立坐标系,设定粗加工转速,选择外圆刀
N020	G00 X52 Z2	定位到循环起点
N030	G71 U3 R1	G71 外圆复合切削循环
N040	G71 P50 Q130 W0.4 W0.2 F0.2	
N050	G00 X0	
N060	G01 Z0 F0.05	
N070	X31.98 R2	
N080	Z-12	
N090	X40 Z-21	
N100	Z-24	
N110	X47.98 C1	
N120	Z-42	
N130	X52	
N140	G70 P50 Q130 S800	G70 精车循环
N150	G00 X100 Z200	返回换刀点
N160	M05	主轴停转
N170	M02	程序结束
	O0003	加工右端
N010	G54 M03 S500 T0101	建立坐标系,设定粗加工转速,选择外圆刀
N020	G00 X52 Z2	定位到循环起点

续表

程 序 号	加 工 程 序	程 序 说 明
N030	G71 U3 R1	G71 外圆复合切削循环
N040	G71 P50 Q150 W0.4 W0.2 F0.2	
N050	G00 X0	
N060	G01 Z0 F0.05	
N070	G01 X16	
N080	X19.99 Z-10	
N090	Z-13	
N100	X23.8 C1.5	
N110	Z-32	
N120	X27.98	
N130	G03 X37.98 Z-37 R5	
N140	G02 X47.98 Z-42 R5	
N150	G01 X52	
N160	G70 P50 Q150 S800	G70 精车循环
N170	G00 X100 Z200	返回换刀点
N180	M03 S300 T0202	换割刀，设置割槽时转速
N190	G00 X38	割刀定位
N200	Z-32	
N210	G01 X20 F0.05	割退刀槽
N220	G04 P2000	槽底暂停
N230	G00 X100	X 向退刀
N240	Z200	返回换刀点
N250	T0303	换螺纹刀
N260	G00 X26 Z-6	定位到螺纹循环起点
N270	G92 X23.1 Z-30 F2	G92 螺纹切削循环
N280	X22.5	
N290	X21.9	
N300	X21.5	
N310	X21.4	
N320	X21.4	光刀一次
N330	G00 X100 Z200	返回换刀点
N340	M05 M02	主轴停转程序结束

2. 检测与评价（表 5-15）

表 5-15 数控车床中级工考核实例 5 检测与评价表

序号	考核项目	考核内容及要求		评 分 标 准	配分	检测结果	扣分	得分	备注
1	外轮廓	$\phi48_{-0.05}^{0}$	IT	超差 0.01 扣 0.5 分	6				
		$\phi32_{-0.05}^{0}$	IT	超差 0.01 扣 0.5 分	6				
		$\phi20_{-0.03}^{0}$	IT	超差 0.01 扣 0.5 分	6				

续表

序号	考核项目	考核内容及要求		评 分 标 准	配分	检测结果	扣分	得分	备注
1	外轮廓	$R5$	IT	超差 0.01 扣 0.5 分	5				
		80 ± 0.1	IT	超差 0.01 扣 0.5 分	5				
		19	IT	超差 0.01 扣 0.5 分	5				
		10	IT	超差 0.01 扣 0.5 分	5				
		12	IT	超差 0.01 扣 0.5 分	5				
		4×2	IT	超差 0.01 扣 0.5 分	5				
		Ra		降一处扣 0.5 分	5				
		形状轮廓加工		完成形状轮廓得分	5				
2	内孔	$\phi24_{-0.02}^{0}$	IT	超差 0.01 扣 0.5 分	6				
		18	IT	超差 0.01 扣 0.5 分	5				
		Ra		降一处扣 0.5 分	5				
		形状轮廓加工		完成形状轮廓得分	5				
3	螺纹	大径	IT	超差 0.01 扣 1 分	5				
		中径	IT	超差 0.01 扣 1 分	5				
		螺距	IT	超差 0.01 扣 1 分	5				
4	倒角圆角	倒角圆角共 6 处		每缺 1 处扣 1 分	6				
5	安全文明生产	(1) 遵守机床安全操作规程					酌情扣 1～5 分		
		(2) 刀具、工具、量具放置规范							
		(3) 设备保养，场地整洁							
6	工艺合理	(1) 工件定位、夹紧及刀具选择合理					酌情扣 1～5 分		
		(2) 加工顺序及刀具轨迹路线合理							
7	程序编制	(1) 指令正确，程序完整					酌情扣 1～5 分		
		(2) 数值计算正确，程序编写精简							
		(3) 刀具补偿功能运用正确、合理							
		(4) 切削参数、坐标系选择正确、合理							
8	其他项目	(1) 毛坯未做倒扣 2～5 分					倒扣		
		(2) 违反操作规程倒扣 2～5 分							
		(3) 未注尺寸公差按照 IT12 标准加工							

5.5.4 课题小结

在本课题中，要理解数控编程步骤中分析零件图样、确定加工工艺、数值计算、编写加工程序、制作控制介质、程序校验各个步骤的含义、具体操作方法和操作内容；应用三爪卡盘和铜皮正确装夹工件；应用试切法对刀并设立工件坐标系；编写工件加工程序；单段方式对工件进行试切加工；对工件和工作过程进行正确的检测和评价。

5.6 数控车床中级工考核实例 6

5.6.1 课题描述与课题图

加工如图 5-6 所示的工件，试分析其加工步骤并编写数控车床加工程序。已知毛坯尺寸为 ϕ50mm×82mm。

5.6.2 课题分析

此工件编程与操作难度一般，从图样中可以看到该轴上有台阶、圆弧、退刀槽、螺纹、内孔及倒角等，其中内孔表面粗糙度值要求较高，其他要求一般，零件采用三爪卡盘装夹。将工件坐标系 G54 建立在工件端面圆心处。

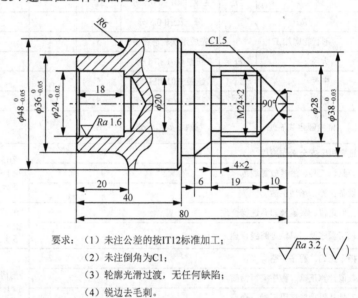

要求：（1）未注公差的按IT12标准加工；
　　　（2）未注倒角为C1；
　　　（3）轮廓光滑过渡，无任何缺陷；
　　　（4）锐边去毛刺。

图 5-6 数控车床中级工考核实例 6

1. 工艺分析

本课题采用工序集中的原则，划分的加工工序为：工序一为粗、精加工孔及轮廓表面；工序二为钳工加工去毛刺。

2. 数控工序卡编制

编写数控工序卡时，首先确定该工序加工的工步内容；然后根据每个工步内容选择刀具；最后根据所选择的刀具、刀具材料及工件材料确定其切削用量。本例加工工序卡见表 5-16。

表 5-16　数控车床中级工考核实例 6 加工工序卡

数控实训中心	数控加工工序卡片		零件名称			零件图号
			中级工实例 6			5-6
工艺序号	程序编号	夹具名称	夹具编号		使用设备	车　间
5-6	O0001 O0002 O0003	三爪卡盘			CAK6136	数控车床车间
工步号	工步内容	刀具号	刀具规格	主轴转速 (r/min)	进给速度 (mm/r)	备注
1	夹工件右端，伸出长度约为 50mm					
2	打左端面定位孔		B2.5 中心钻	1000		
3	钻 ϕ 20mm 底孔		ϕ20mm 麻花钻	400		
4	粗镗 ϕ24mm 内孔，单边余量 0.2mm	T04	内孔镗刀	500	0.2	
5	精镗 ϕ24mm 内孔	T04	内孔镗刀	800	0.05	
6	粗车左半段外轮廓，单边余量 0.2mm	T01	外圆车刀	500	0.2	
7	精车左半段外轮廓	T01	外圆车刀	800	0.05	
8	工件调头装夹，伸出长度约为 50mm					包铜皮
9	粗车右半段外轮廓，单边余量 0.2mm	T01	外圆车刀	500	0.2	
10	精车右半段外轮廓	T01	外圆车刀	800	0.05	
11	割退刀槽	T02	4mm 割刀	300	0.05	
12	加工螺纹	T03	60°外螺纹刀	300		
13	工件表面去毛刺					
14	自检后交验					
编制	李兵	审　核		批　准	共 1 页　第 1 页	

5.6.3　课题实施

1. 加工程序编写

参考程序见表 5-17。

表 5-17　数控车床中级工考核实例 6 参考程序

程 序 号	加 工 程 序	程 序 说 明
	O0001	镗孔
N010	G54 M03 S500 T0404	建立坐标系，设定粗加工转速，选择镗刀
N020	G00 X18 Z2	定位到循环起点
N030	G90 X23.6 Z-17.8 F0.2	内孔粗车循环
N040	G00 X26	精镗定位
N050	M03 S800	设定精镗转速
N060	G01 Z0 F0.05	车端面
N070	X23.99 C1	孔口倒角
N080	Z-18	精镗

程 序 号	加 工 程 序	程 序 说 明
N090	G00 X23	X 向退离孔壁
N100	Z200	Z 向退刀
N110	X100	返回换刀点
N120	M05	主轴停转
N130	M02	程序结束
	O0002	加工左端
N010	G54 M03 S500 T0101	建立坐标系，设定粗加工转速，选择外圆刀
N020	G00 X52 Z2	定位到循环起点
N030	G71 U3 R1	G71 外圆复合切削循环
N040	G71 P50 Q110 W0.4 W0.2 F0.2	
N050	G00 X0	
N060	G01 Z0 F0.05	
N070	X35.98 C1	
N080	Z-14	
N090	G02 X47.98 Z-20 R6	
N100	G01 Z-42	
N110	X52	
N120	G70 P50 Q110 S800	G70 精车循环
N130	G00 X100 Z200	返回换刀点
N140	M05	主轴停转
N150	M02	程序结束
	O0003	加工右端
N010	G54 M03 S500 T0101	建立坐标系，设定粗加工转速，选择外圆刀
N020	G00 X52 Z2	定位到循环起点
N030	G71 U3 R1	G71 外圆复合切削循环
N040	G71 P50 Q150 W0.4 W0.2 F0.2	
N050	G00 X0	
N060	G01 Z0 F0.05	
N070	X20 Z-10	
N080	X23.8 C1.5	
N090	Z-29	
N100	X28	
N110	X37.99 Z-35	
N120	Z-40	
N130	X45.98	
N140	X49.98 Z-42	
N150	X52	
N160	G70 P50 Q150 S800	G70 精车循环
N170	G00 X100 Z200	返回换刀点
N180	M03 S300 T0202	换割刀，设置割槽时转速
N190	G00 X30	割刀定位
N200	Z-29	

续表

程 序 号	加 工 程 序	程 序 说 明
N210	G01 X20 F0.05	割退刀槽
N220	G04 P2000	槽底暂停
N230	G00 X100	X 向退刀
N240	Z200	返回换刀点
N250	T0303	换螺纹刀
N260	G00 X26 Z-4	定位到螺纹循环起点
N270	G92 X22.8 Z-27 F3	G92 螺纹切削循环
N280	X22.1	
N290	X21.5	
N300	X21.1	
N310	X20.7	
N320	X20.3	
N330	X20.1	
N340	X20.1	光刀一次
N350	G00 X100 Z200	返回换刀点
N360	M05 M02	主轴停转程序结束

2. 检测与评价（表 5-18）

表 5-18　数控车床中级工考核实例 6 检测与评价表

序号	考核项目	考核内容及要求		评 分 标 准	配分	检测结果	扣分	得分	备注
1	外轮廓	$\phi48_{-0.05}^{0}$	IT	超差 0.01 扣 0.5 分	6				
		$\phi36_{-0.05}^{0}$	IT	超差 0.01 扣 0.5 分	6				
		$\phi38_{-0.03}^{0}$	IT	超差 0.01 扣 0.5 分	6				
		R5	IT	超差 0.01 扣 0.5 分	5				
		80±0.1	IT	超差 0.01 扣 0.5 分	5				
		19	IT	超差 0.01 扣 0.5 分	5				
		10	IT	超差 0.01 扣 0.5 分	5				
		12	IT	超差 0.01 扣 0.5 分	5				
		4×2	IT	超差 0.01 扣 0.5 分	5				
		Ra		降一处扣 0.5 分	5				
		形状轮廓加工		完成形状轮廓得分	5				
2	内孔	$\phi24_{-0.02}^{0}$	IT	超差 0.01 扣 0.5 分	6				
		18	IT	超差 0.01 扣 0.5 分	5				
		Ra		降一处扣 0.5 分	5				
		形状轮廓加工		完成形状轮廓得分	5				
3	螺纹	大径	IT	超差 0.01 扣 1 分	5				
		中径	IT	超差 0.01 扣 1 分	5				
		螺距	IT	超差 0.01 扣 1 分	5				

序号	考核项目	考核内容及要求	评 分 标 准	配分	检测结果	扣分	得分	备注
4	倒角圆角	倒角圆角共 6 处	每缺 1 处扣 1 分	6				
5	安全文明生产	(1) 遵守机床安全操作规程				酌情扣 1~5 分		
		(2) 刀具、工具、量具放置规范						
		(3) 设备保养，场地整洁						
6	工艺合理	(1) 工件定位、夹紧及刀具选择合理				酌情扣 1~5 分		
		(2) 加工顺序及刀具轨迹路线合理						
7	程序编制	(1) 指令正确，程序完整				酌情扣 1~5 分		
		(2) 数值计算正确，程序编写精简						
		(3) 刀具补偿功能运用正确、合理						
		(4) 切削参数、坐标系选择正确、合理						
8	其他项目	(1) 毛坯未做倒扣 2~5 分				倒扣		
		(2) 违反操作规程倒扣 2~5 分						
		(3) 未注尺寸公差按照 IT12 标准加工						

5.6.4　课题小结

在本课题中，要理解数控编程步骤中分析零件图样、确定加工工艺、数值计算、编写加工程序、制作控制介质、程序校验各个步骤的含义、具体操作方法和操作内容；G92 指令格式编程螺距为 3 的等大螺距螺纹时，可根据刀具情况适当调整每刀的背吃刀量，不要拘泥于表 4-5 中的数据。应用三爪卡盘和铜皮正确装夹工件；应用试切法对刀并设立工件坐标系；编写工件加工程序；单段方式对工件进行试切加工；对工件和工作过程进行正确的检测和评价。

思考与练习

1. 试编写如图 5-7 所示工件的加工程序（毛坯尺寸为 $\phi50$mm×90mm），并在数控车床上进行加工。

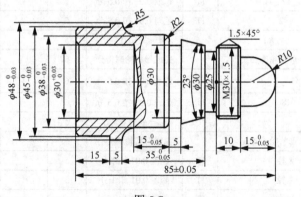

图 5-7

2. 试编写如图 5-8 所示工件的加工程序（毛坯尺寸为 ϕ50mm×90mm），并在数控车床上进行加工。

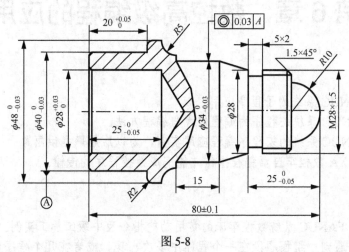

图 5-8

第6章 数控高级编程的应用

📖 学习目标

- ❖ 掌握 FANUC 系统的子程序应用。
- ❖ 掌握 FANUC 系统宏程序的编程格式与编程方法。
- ❖ 掌握 FANUC 系统的宏程序编程应用实例，为以后解题提供思路。
- ❖ 掌握 CAXA 数控车自动编程操作并能完成数控程序的传输。

📖 **教学导读**

前面学习了 FANUC 系统数控车床的常用功能指令及中级工加工实例。在编制加工程序过程中，有时会遇到一组程序段在一个程序中多次出现，或者在几个程序中都要使用它。这种典型的加工程序可以做成固定程序，并单独命名，这组程序段就称为子程序。子程序通常不可以作为独立的加工程序使用，它只能通过调用，实现加工中的局部动作。有时为了简化编程，也可以采用坐标变换指令。

通常情况下，在一般的程序中，程序字是常量，只能描述固定的几何形状，缺乏灵活性与通用性。因此，FANUC 数控系统提供了用户宏程序功能，用户可以使用变量进行编程，还可以用宏程序指令对这些变量进行赋值、运算处理，从而可使宏程序执行一些有规律的动作。

对于形状复杂的零件，特别是具有非圆曲线、列表曲线及曲面的零件，采用手工编程比较困难，最好采用自动编程的方法进行编程。自动编程是指通过计算机自动编制数控加工程序的过程。自动编程的优点是效率高、程序正确性好，可以解决手工编程难以完成的复杂零件的编程难题。但其缺点是必须具备自动编程软硬件设备。下面 3 个图形为本章节数控高级编程学习的重点内容。

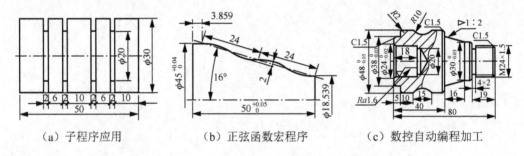

(a) 子程序应用　　　　(b) 正弦函数宏程序　　　　(c) 数控自动编程加工

📖 **教学建议**

（1）子程序的应用是本章的学习重点，它使得编程变得简单高效。

（2）在学习宏程序编程过程中，一定要多做实例，才能发现编程与加工过程中的实际问题。

（3）宏程序是一种具有计算能力和决策能力的数控程序，它的编程思路是宏程序编程中首要解决的问题。

（4）自动编程的前期教学主要在数控机房进行，后期教学以生成刀具轨迹、后置处理及实际加工为主，最好在数控机房与实习车间同时进行。

6.1 FANUC 系统的子程序应用

一组程序段在一个程序中多次出现，或者在几个程序中都要使用它，我们将这样一组程序段单独加以命名，做成固定的程序，并将其称为子程序。

在使用子程序编程时，应注意主、子程序使用不同的编程方式。一般主程序中使用 G90 指令，而子程序使用 G91 指令，避免刀具在同一位置加工。当子程序中使用 M99 指令指定顺序号时，子程序结束时并不返回到调用子程序程序段的下一程序段，而是返回到 M99 指令指定的顺序号的程序段，并执行该程序段。

编程举例如下：

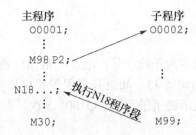

子程序执行完以后，执行主程序顺序号为 18 的程序段。

6.1.1 子程序的定义

机床的加工程序可以分为主程序和子程序两种。

所谓主程序，是指一个完整的零件加工程序，或是零件加工程序的主体部分，它和被加工零件或加工要求一一对应，不同的零件或不同的加工要求，都只有唯一的主程序。

在编制加工程序中，有时会遇到一组程序段在一个程序中多次出现，或者在几个程序中都要使用它。这个典型的加工程序可以做成固定程序，并单独加以命名，这组程序段就称为子程序。子程序通常不可以作为独立的加工程序使用，它只能通过调用，实现加工中的局部动作。子程序执行结束后，能自动返回到调用的程序中。

6.1.2 子程序的格式

在大多数的数控系统中，子程序和主程序并无本质区别，它们在程序号及程序内容方面基本相同。一般主程序中使用 G90 指令，而子程序使用 G91 指令，避免刀具在同一位置加工。但子程序和主程序结束标记不同，主程序用 M02 或 M30 表示主程序结束，而子程序则用 M99 表示子程序结束，并实现自动返回主程序功能。

编程举例如下：

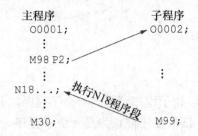

子程序执行完以后，执行主程序顺序号为 18 的程序段。对于子程序结束指令 M99，不一定要单独书写一行。

6.1.3 子程序的调用

在 FANUC 系统中，子程序的调用可通过辅助功能代码 M98 指令进行，且在调用格式中将子程序的程序号地址改为 P，其常用的子程序调用格式有两种。

1. 子程序调用格式一

```
M98 P×××× L××××;
```

举例如下：

```
M98 P100 L5;
M98 P100;
```

其中地址 P 后面的 4 位数字为子程序号，地址 L 后面的数字表示重复调用的次数，子程序号及调用次数前的 0 可省略不写。如果只调用子程序一次，则地址 L 及其后的数字可省略。例如，第 1 个例子表示调用子程序 "O100" 5 次，而第 2 个例子表示调用子程序一次。

2. 子程序调用格式二

```
M98 P×××××××××;
```

举例如下：

```
M98 P50010;
M98 P510;
```

其中地址 P 后面的 8 位数字中，前 4 位表示调用次数，后 4 位表示子程序号，采用这种调用格式时，调用次数前的 0 可以省略不写，但子程序号前的 0 不可省略。例如，第 1 个例子表示调用子程序 "O10" 5 次，而第 2 个例子则表示调用子程序 "O510" 一次。

子程序的执行过程如下程序所示。

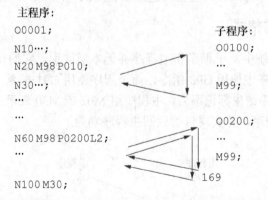

6.1.4 子程序的嵌套

为了进一步简化程序，可以让子程序调用另一个子程序，这一功能称为子程序的嵌套。当主程序调用子程序时，该子程序被认为是一级子程序。系统不同，其子程序的嵌套级数也不相同，FANUC 系统可实现子程序四级嵌套（如图 6-1 所示）。

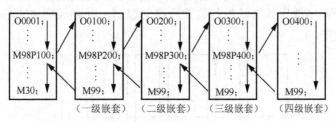

图 6-1 子程序的嵌套

6.1.5 子程序调用的特殊用法

子程序除了上述用法外，还有下列几种用法。

1. 子程序返回到主程序某一程序段

如果在子程序的返回程序段中加上 Pn，则子程序在返回主程序时将返回到主程序中顺序号为"n"的那个程序段。其程序格式如下：

```
M99 Pn;
M99 P100;    (返回到 N100 程序段)
```

2. 自动返回到程序头

如果在主程序中执行 M99，则程序将返回到主程序的开头并继续执行程序。也可以在主程序中插入"M99 Pn；"用于返回到指定的程序段。为了能够执行后面的程序，通常在该指令前加"/"，以便在不需要返回执行时，跳过该程序段。

3. 强制改变子程序重复执行的次数

用"M99 L××；"指令可强制改变子程序重复执行的次数。其中，"L××"表示子程序调用的次数。例如，如果主程序用"M98 P×× L99；"调用，而子程序采用"M99 L2；"返回，则子程序重复执行的次数为 2 次。

4. 子程序的应用原则

（1）零件上有若干处相同的轮廓形状。在这种情况下只编写一个子程序，然后用主程序调用该子程序就可以了；

（2）程序的内容具有相对独立性。在加工较复杂的零件时，往往包含许多独立的工序，有时工序之间的调整也是容许的，为了优化加工顺序，把每一个工序编成一个独立的子程序，主程序中只需加入换刀和调用子程序等指令即可。

6.1.6 子程序的应用

1. 实现不等距槽的切削

当零件在某个方向上的槽宽相等时，可通过调用该子程序切削的方式编写该轮廓的加工程序。

例 6-1 如图 6-2 所示零件为不等距槽的一轴类零件，该零件加工表面有外圆柱面、切槽等，要求使用子程序调用的方法进行数控程序的编制，并完成零件的车削加工。试编写其数控车削加工程序。

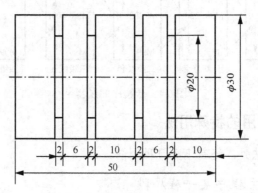

图 6-2 Z 向分层切削子程序实例

解：该零件结构要素有外圆柱面、切槽，最后进行切断，结构较为简单，切槽部分有规律性，所以可以使用子程序进行程序编制，以简化程序。采用直径编程方式，直径尺寸编程与零件图纸中的尺寸标注一致，编程较为方便。

其加工程序如下：

```
O0001;                   (主程序)
N10 T0101;               (外圆车刀，建立工件坐标系)
N20 M03 S800;            (主轴正转，转速为 800r/min)
N30 G00 X35 Z0;          (移至端面切削起点处)
N40 G01 X0  F0.5;        (切削端面)
N50 G00 X30 Z5;          (移至外圆切削起点处)
N60 G01 Z-52;            (车削φ30 外圆)
N70 G00 X100 Z100;       (快速退刀至换刀点)
N80 T0202;               (换切断刀)
N90 G00 X32 Z0;          (移到子程序起点处)
N100 M98 P20002;         (调用子程序，循环 2 次)
N110 G00 W-12;           (移至切断起点处)
N120 G01 X0 F0.2;        (切断，调整进给速度)
N130 G04 X2;             (暂停 2s)
N140 G00 X100 Z100;      (快速退刀至安全点)
N150 M30;                (程序结束)

O0002;                   (子程序)
N10 G00 W-12;            (移至槽的切削起点处)
N20 G01 U-12 F0.3;       (切槽至φ20mm，调整进给速度)
N30 G04 X1;              (槽底暂停 1s)
N40 G00 U12;             (X 向退刀)
N50 W-8;                 (Z 向偏移至第二个槽切削起点处)
N60 G01 U-12;            (切槽至φ20mm)
N70 G04 X1;              (槽底暂停 1s)
```

```
N80 G00 U12;                (X向退刀)
N90 M99;                    (子程序结束，并返回到主程序)
```

2. 反复出现有相同轨迹的走刀路线的加工

当加工中反复出现有相同轨迹的走刀路线时，可以采用子程序编程。

例 6-2　如图 6-3 零件所示，即被加工的零件需要刀具在某一区域内分层或分行反复走刀，走刀轨迹总是出现某一特定的形状，采用子程序比较方便，此时通常要以增量方式编程，该零件程序如下：

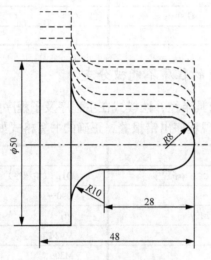

图 6-3　子程序加工零件示例

```
O0003;                      (主程序)
N10 T0101;                  (外圆车刀，建立工件坐标系)
N20 S400 M03;               (主轴正转，转速 400r/min )
N30 G00 X92 Z5;             (移到子程序起点处)
N40 M98 P110004;            (调用子程序，并循环 11 次)
N50 G00 X100 Z100;          (返回安全位置)
N60 M05;                    (主轴停)
N70 M30;                    (主程序结束并复位)

O0004;                      (子程序)
N10 G00 U-52;               (移至切削 X 起点处)
N20 G01 Z0 F100;            (进刀至切削起点处，留下后面的切削余量)
N30 G03 U16 W-8 R8;         (加工 R8 圆弧段)
N40 G01 W-20;               (加工φ16 外圆)
N50 G02 U20 W-10 R10;       (加工 R10 圆弧段)
N60 G01 U14;                (加工端面)
N70 W-10;                   (加工φ50 外圆)
N80 G40 U2;                 (离开已加工表面，并取消刀补)
N90 G00 Z5;                 (回到循环起点 Z 轴处)
N100 U-4;                   (调整每次循环的吃刀量为 4mm)
N110 M99;                   (子程序结束，并返回到主程序)
```

6.1.7 使用子程序注意事项

1. 注意主、子程序间的模式代码的变换

如下例所示，子程序采用了 G91 模式，但需要注意及时进行 G90 与 G91 模式的变换。

O1；（主程序）		O2；（子程序）	
G90 模式	G90 G54；	G91…；	G91 模式
G91 模式	M98 P2；	…；	
…；		M99；	
G90 模式	G90…；		
M30			

2. 在半径补偿模式中的程序不能被分支

如下例 1 程序所示，刀具半径补偿模式在主程序及子程序中被分支执行，当采用这种形式编程加工时，系统将出现程序出错报警。正确的书写格式如程序例 2 所示。

例 1		例 2	
O1；（主程序）	O2；（子程序）	O1；（主程序）	O2；（子程序）
G91…；	…；	G90…；	G41…；
G41…；	M99；	…；	…；
M98 P2；		M98 P2；	G40…；
G40…；		M30；	M99；
M30；			

6.2 FANUC 系统的宏程序编程应用

6.2.1 宏程序的基础知识

1. 宏程序

什么是数控加工宏程序？简单地说，宏程序是一种具有计算能力和决策能力的数控程序。宏程序具有如下特点：

（1）使用了变量或表达式（计算能力），例如，

```
G01 X[3+5];          (有表达式 3+5)
G00 X4 F[#1];        (有变量#1)
G01 Y[50*SIN[3]];    (有函数运算)
```

（2）使用了程序流程控制（决策能力），例如，

```
GOTO 200;(无条件转移)
IF[#1GT#100]GOTO 200;(有条件转移语句)
WHILE[条件表达式] DO m(m=1、2、3…);
…
END m;(当条件满足时，就循环执行 WHILE 与 END 之间的程序段 m 次)
```

2. 宏程序的强大功能

（1）用户可以使用变量进行算术运算、逻辑运算和函数的混合运算。

（2）根据循环语言、分支语言和子程序调用语言，编制各种复杂的零件加工程序。

（3）减少了手工编程时进行的数值计算及精简程序等工作。

3. 宏程序编程时的适应范围

（1）宏程序指令适合抛物线、椭圆、双曲线等没有插补指令的数控车床的曲线手工编程。

（2）适合图形一样，只是尺寸不同的系列零件的编程。

（3）适合工艺路径一样，只是位置参数不同的系列零件的编程。

（4）有利于零件的简化编程。

6.2.2 变量与常量

1. 变量

普通加工程序直接用数值指定的 G 代码和移动距离；例如，G01 和 X100.0，使用用户宏程序时，数值可以直接制定或用变量指定。当用变量指定时，变量值可用程序设定或者修改。

```
#11 = #22+123;
G01 X[#11] F500;
```

2. 变量的表示

计算机允许使用变量名，用户使用宏程序引入变量时，需用变量符号"#"和后面的变量号指定。例如，#11。表达式可以用于指定变量号，这时表达式必须封闭在括号中。例如，#[#11+#12-#13]

3. 变量的类型

变量从功能表上主要可归纳为两种，即系统变量与用户变量，如表 6-1 所示。

系统变量：用于系统内部运算时各种数据的存储。

用户变量：包括局部变量和公共变量，用户可以单独使用，系统作为处理资料的一部分。

表 6-1 FANUC Oi 变量类型

变量名		类型	功能
#0		空变量	该变量总是空，没有值能赋予该变量
用户变量	#1～#33	局部变量	局部变量只能在宏程序中存储数据，例如，运算结果。断电时，局部变量清除（初始化为空），可以在程序中对其赋值
	#100～#199 #500～#999	公共变量	公共变量在不同的宏程序中的意义相同（即公共变量对于主程序和从这些主程序调用的每个宏程序来说是公共的）。断电时，#100～#199 清除（初始化为空），通电时复位到"0"。而#500～#999 数据，即使在断电时也不清除
系统变量	#1000 以上	系统变量	系统变量用于读和写 CNC 运行时各种数据变化，例如，刀具当前位置和补偿位置等

4. 变量值的范围

局部变量和公共变量可以是 0 值或以下范围中的值：$-10^{47} \sim 10^{-29}$ 或 $10^{-29} \sim 10^{47}$，如果计算结果超出有效范围，则触发程序错误 P/S 报警。

5. 小数点的省略

当在程序中定义变量值时，整数值的小数点可以省略。例如，当在定义#11=123 时，变量#11 的实际值是 123.00。

6. 变量的引用

（1）在程序中使用变量值时，应指定后跟变量号的地址。当用表达式指定变量时，必须把表达式放在括号中。例如，G01　X[#11+#22]　F#3。

（2）被引用变量的值根据地址最小设定的单位自动的舍入。例如，当 G00 X#11；以 1/1000mm 的单位（精确 3 位）执行时，CNC 把 12.3456 赋值给变量#11，实际指令值为 G00X12.346。

（3）改变引用变量的值的符号，要把负号"–"放在#的前面。例如，G00X-#11。

（4）当引用未定义的变量时，变量及地址都被忽略。例如，当变量#11 的值是 0，并且变量#22 的值是空时，G00 X#11Y#22 的执行结果为 G00X0。

注意：不能用变量代表的地址符有程序号 O、顺序号 N、任选程序段跳转号/。例如，以下情况不能使用变量。

O#11；/#22 G00X100.0；N#33Y200.0。

7. 系统变量

系统变量的用途在系统中是固定的，不能把值代入系统变量中。

8. 常量

我们在系统中经常使用的常量有两种，即 TRUE：条件成立（真）；FALSE：条件不成立（假）。

6.2.3　算术和逻辑运算

用户宏程序中的变量可以进行算术和逻辑运算，表 6-2 中列出的运算即可在变量中执行，运算符号右边的表达式可包括常量和由函数或运算符组成的变量（表达式的变量# j 和 #k 可以用常数赋值），左边的变量也可以用表达式赋值。

表 6-2　B 类宏程序的变量运算

功　　能	格　　式	备注与示例
定义、转换	#i=#j	#100=#1，#100=30.0
加法	#i=#j+#k	#100=#1+#2
减法	#i=#j-#k	#100=100.0-#2
乘法	#i=#j*#k	#100=#1*#2

功　能	格　式	备注与示例
除法	#i=#j/#k	#100=#1/30
正弦	#i=SIN[#j]	#100=SIN[#1]
反正弦	#i=ASIN[#j]	
余弦	#i=COS[#j]	#100=COS[36.3+#2]
反余弦	#i=ACOS[#j]	
正切	#i=TAN[#j]	
反正切	#i=ATAN[#j]/[#k]	#100=ATAN[#1]/ [#2]
平方根	#i=SQRT[#j]	#100=SQRT[#1*#6-1000]
绝对值	#i=ABS[#j]	
舍入	#i=ROUND[#j]	
上取整	#i=FIX[#j]	
下取整	#i=FUP[#j]	
自然对数	#i=LN[#j]	
指数函数	#i=EXP[#j]	#100=EXP[#1]
或	#i=#j OR #k	
异或	#i=#j XOR #k	逻辑运算一位一位地按二进制执行
与	#i=#j AND #k	
BCD 转 BIN	#i=BIN[#j]	用于与 PMC 的信号交换
BIN 转 BCD	#i=BCD[#j]	

（1）函数 SIN、COS 等的角度单位是度，分和秒要换算成带小数点的度。如 90°30′表示为 90.5°，30°18′表示为 30.3°。

（2）宏程序数学计算的次序依次为：函数运算（SIN、COS、ATAN 等）、乘和除运算（*、/、AND 等）、加和减运算（+、−、OR、XOR 等）。

例如，#1=#2+#3*SIN[#4]；

该例运算次序为：

① 函数 SIN[#4]。

② 乘和除运算 #3*SIN[#4]。

③ 加和减运算 #2+#3*SIN[#4]。

（3）函数中的括号。括号用于改变运算次序，函数中的括号允许嵌套使用，但最多只允许嵌套 5 层。

例如，#1= SIN[[[#2+#3] *4+#5]/ #6]；

（4）宏程序中的上、下取整运算。CNC 处理数值运算时，若操作产生的整数大于原数就为上取整，反之则为下取整。

例如，设#1=1.2，#2=−1.2。执行#3=FUP[#1]时，2.0 赋给#3；执行#3=FIX[#1]时，1.0 赋给#3；执行#3=FUP[#2]时，−2.0 赋给#3；执行#3=FIX[#2]时，−1.0 赋给#3。

6.2.4 用户宏程序语句

1. 转移和循环

在程序中使用的 GOTO 语句和 IF 语句可以改变控制的流向。有以下三种格式可以实现转移和循环操作。

$$转移和循环 \begin{cases} \text{GOTO语句（无条件转移）} \\ \text{IF语句（条件转移：IF···THEN···）} \\ \text{WHILE语句（当······时循环）} \end{cases}$$

2. 无条件转移（GOTO 语句）

GOTO 语句转移到标有顺序号 n 的程序段。当指定从 1～99999 以外的顺序号时，出现 P/S 报警。也可用表达式指定顺序号。

格式　GOTO n;

例如，GOTO 200;
该例为无条件转移。当执行该程序段时，将无条件转移到 N200 程序段执行。

3. 条件转移（IF 语句）

条件转移语句中，IF 之后指定的条件表达式，可有下面两种。
（1）IF[<条件表达式>]GOTO n

格式　IF[条件表达式]GOTO n;

例如，IF[#1GT#100]GOTO 200;
该例为有条件转移语句。如果条件成立，则转移到 N200 程序段执行；如果条件不成立，则执行下一程序段。
（2）IF[<条件表达式>]THEN

格式　IF[<条件表达式>]THEN;

例如，IF[#1EQ#2] THEN#3=0;（如果#1 和#2 的值相同，0 赋给#3）

4. 循环（WHILE）语句

用 WHILE 引导的循环语句，在其后指定的是一个条件表达式，当指定条件满足时，执行从 DO 到 END 之间的程序，否则转到 END 后的程序段。其一般格式如下：

WHILE[条件表达式] DO m(m=1、2、3···);
…
END m;

这种指令格式用于 IF 语句，DO 后面的号和 END 后的号是指定程序执行的范围的标号，值为 1、2、3。若是 1、2、3 以外的值会产生 P/S 报警。在 DO～END 循环的标号（1～3）可根据需要多次使用，又称为嵌套。

例 6-3 编写计算数值 1～10 的总和的程序为例说明循环语句（请大家总结 WHILE 和 IF 的不同）。参考程序如下：

```
O0001;
N10 #1=0;                    (总和初始值)
N20 #2=1;                    (变量初始值)
N30 WHILE[#2LE10] DO 1;      (IF [#2GT10] GOTO 60)
N40 #1=#1+#2;
N50 #2=#2+1;                 (步进值为1)
N60 GOTO 30;
N70 END 1;
N80 M30;                     (结果: 55)
```

5. 循环语句嵌套原则

（1）标号（1～3）可以根据要求多次使用。其形式如下所示。

$$
\begin{array}{l}
\left[\begin{array}{l}
\text{WHILE}[\cdots]\text{DO} \quad 1; \\
\boxed{\text{程序}} \\
\text{END}
\end{array}\right. \\
\vdots \\
\left[\begin{array}{l}
\text{WHILE}[\cdots]\text{DO} \quad 1; \\
\quad\boxed{\text{程序}} \\
\text{END1};
\end{array}\right.
\end{array}
$$

（2）DO 的范围不能交叉。

（3）DO 循环可以嵌套 3 级。其形式如下所示。

$$
\left[\begin{array}{l}
\text{WHILE}[\cdots]\text{DO} \quad 1; \\
\left[\begin{array}{l}
\text{WHILE}[\cdots]\text{DO} \quad 2; \\
\vdots \\
\left[\begin{array}{l}
\text{WHILE}[\cdots]\text{DO} \quad 3; \\
\boxed{\text{程序}} \\
\text{END3};
\end{array}\right. \\
\vdots \\
\text{END2};
\end{array}\right. \\
\vdots \\
\text{END1};
\end{array}\right.
$$

6. 使用宏程序编程时注意事项

（1）变量使用应注意其用户可用的变量，防止使用系统变量造成系统报警。

（2）明确全局变量与局部变量之间的关系，以及子程序与主程序之间如何传递。

（3）条件表达式是一个逻辑表达式，结果为 TRUE（真）或 FALSE（假）。

（4）嵌套语句、条件控制语句成对使用，否则不执行或报警。语句可以嵌套，但要注意嵌套的层数，一般不超过 3 层。

6.2.5　宏程序非模态的调用

1. 用户宏指令

首先说明用户宏程序调用（G65）与子程序调用（M98）之间的差别：

（1）G65 可以进行变量的赋值，即指定自变量（数据传递送到宏程序），M98 则不能。

（2）当 M98 程序段包含另一个 NC 指令（例如，G01 X200.0 M98 P<p>）时，在指令执行完以后调用（或转移到）子程序。相反，G65 则无条件地调用宏程序。

（3）当 M98 程序段包含有 O、N、P、L 以外的地址的 NC 指令时，（例如 G01 X200.0 M98P<p>），在单程序段方式中，可以停止，（即停机）。相反，G65 则不能。

（4）G65 改变局部变量的级别，M98 不改变局部变量的级别。

2. 非模态调用（G65）

当指定 G65 时，调用以地址 P 指定的用户宏程序，数据（自变量）能传递到用户宏程序中，指定格式如下所示：

```
G65 P<p>L<l><自变量的赋值>;
```

其中：

（1）p——要调用的程序号；

（2）l——重复次数(默认值为 1)；

（3）自变量赋值——传递到宏程序的数据。

```
O0110;
…
G65   P9110L2A1.0B2.0;
…
M30;
```

```
O0110;
#3=#1+#2;
IF[#3GE180]G0T099;
G00G91X#3;
N99M99;
```

3. G65 调用说明

（1）在 G65 之后，用地址 P 指定用户宏程序的程序号。

（2）任何自变量前必须指定 G65。

（3）当要求重复时，在地址 L 后指定从 1～9999 的重复次数，省略 L 值时，默认 L 值等于 1。

（4）使用变量指定（赋值），其值被赋值给宏程序中相应的局部变量。

4. 自变量指定的类型

自变量指定的类型如表 6-3 所示。

表 6-3 变量赋值方法

地 址	变 量	地 址	变 量	地 址	变 量	地 址	变 量
A	#1	H	#11	R	#18	X	#24
B	#2	I	#4	S	#19	Y	#25
C	#3	J	#5	T	#20	Z	#26
D	#7	K	#6	U	#21		
E	#8	M	#13	V	#22		
F	#9	Q	#17	W	#23		

5. 逻辑运算说明

逻辑运算说明如表 6-4 所示。

表 6-4 逻辑运算说明

运算符	功能	逻辑名	运算特点	运算实例
AND	与	逻辑乘	（相当于串联）有 0 得 0	1x1=1,1x0=0,0x0=0
OR	或	逻辑加	（相当于并联）有 1 得 1	1+1=1,1+0=1,0+0=0
XOR	异或	逻辑减	相同得 0，不同得 1	1-1=0, 1-0=1, 0-0=0, 0-1=1

6. 运算符

运算符及其意义与示例如表 6-5 所示。

表 6-5 运算符的种类

运 算 符	意 义	英文注释	示 例
EQ	等于（=）	Equal	IF [#5 EQ #6] GOTO 300;
NE	不等于（≠）	Not Equal	IF [#5 NE 100] GOTO 300;
GT	大于（>）	Great Than	IF [#6 GT #7] GOTO 100;
GE	大于等于（≥）	Great than or Equal	IF [#8GE100] GOTO 100;
LT	小于（<）	Less Than	IF [#9 LT #10] GOTO 200;
LE	小于等于（≤）	Less than or Equal	IF [#11 LE 100] GOTO 200;

6.2.6 宏程序编程实例

以上讲解了宏程序的基本知识，对于没有接触过宏程序的人，觉得它很神秘，其实很简单，只要掌握了各类系统宏程序的基本格式、应用指令代码，以及宏程序编程的基本思路即可。

对于初学者，尤其要精读几个有代表性的宏程序，在此基础上进行模仿，从而能够以此类推，达到独立编制宏程序的目的。本节将按照轴、半球面、椭圆面、抛物面、正弦曲线的加工五个模块，由浅入深地将宏程序讲解给大家，给大家提供一个学习的思路。

1. 轴的粗精加工

例6-4 应用宏程序加工如图6-4所示的轴类零件。

从上面程序可以看出，每次切削所用程序都只是切削直径 X 有变化，其他程序代码未变。因此可以将一个变量赋给 X，而在每次切削完之后，将其改变为下次切削所用直径即可。参考程序如下：

```
O0001;           (轴的粗精加工程序)
T0101;
M3S800;
G0X82Z5;         (粗加工开始)
#2=0.05;         (Z向的加工余量)
#3=0.5;          (外圆方向的加工余量)
#4=0.3;          (每层切削后的回退量)
#1=76+2*#3;      (考虑了精加工余量的第一次切削直径)
N10 G0X[#1];     (将变量赋给X,则X方向进刀的直径则为#1变量中实际存储值。N10是程序)
G1Z[-40+#2]F0.2; (段的编号,用来标识本段,为后面循环跳转所用)
X[#1+#4];        (每次切削只回退#4的值)
G0Z5;
#1=#1-4;         (单边切深为2mm,直径方向每次递减4mm)
IF [#1GE40] GOTO 10; (如果#1>=40,即此表达式满足条件,则程序跳转到N10继续执行)
M03S1200;        (当不满足#1 >= 40,即#1<40,则跳过循环判断语句,由此句继续向后执行)
G0X40;           (由此开始精加工)
G1Z-40F0.1;
X82;
G0X150Z150;
M5;
M30;             (程序结束)
```

2. 车半球面

1）圆弧偏移方式车半球面

例6-5 应用宏程序加工如图6-5所示零件的半球面。

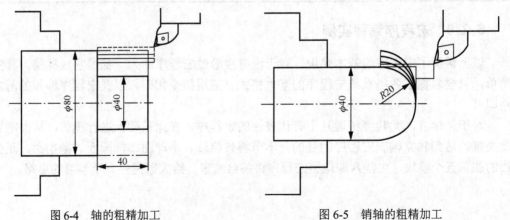

图6-4 轴的粗精加工　　　　　　　　图6-5 销轴的粗精加工

在不使用循环切削加工圆弧时，可以有几种不同的方式来安排走刀轨迹。本例采用将圆弧段沿 X 方向偏移，由外向内的加工方式进行。

如图 6-5 所示 R20 圆弧，假设刀具每次单边切深 2mm，直径每刀吃 4mm，则由端面切入的位置可以计算出需要切削 40/4=10 刀。

每条圆弧起点和终点的 Z 坐标不变，但 X 坐标都同时向+X 方向偏移一个相同的值，因此可设偏移量为#1，初始值为#1=36。

圆弧起点：X 坐标为#2=0+#1。

圆弧终点：X 坐标为#3=40+#1。

```
T0101;                  (程序名)
M3S800;
G0X42Z5;
#1=36;                  (赋初始值，即第一个圆弧直径偏移量)
N10 #2=0+#1;            (计算圆弧起点的 X 坐标)
#3=40+#1;              (计算圆弧终点的 X 坐标)
G0X[#2];               (快速到达切削直径)
G1Z0F0.1;             (直线切至圆弧起点)
G3X[#3]Z-20R20F0.1;   (切削圆弧)
G1U2;                 (直线插补切削至外圆)
G0Z5;                 (退至端面外侧)
#1=#1-4;              (直径方向递减 4mm)
IF [#1 GE 0] GOTO 10; (如果#1>=0，即此表达式满足条件，则程序跳转到 N10 继续执行。)
G0X150Z150;           (当不满足#1>=0，即#1<0，则最后一条圆弧已经切完，跳出循环)
M5;
M30;                  (程序结束)
```

2）圆的标准方程编制宏程序车半球面

我们知道，无论什么样的曲线，数控系统都是 CAD/CAM 软件在处理时将其按照内部的算法划分成小段的直线进行加工，接下来我们利用圆的方程来将直线划分成小段直线再利用宏程序对其加工。图 6-6 为圆的标准方程加工。

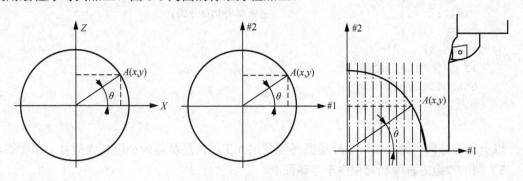

图 6-6 圆的标准方程加工

圆的标准方程：

```
X*X+Y*Y=R*R
```

若将 X 和 Y 用参数变量代替可改写为：

```
#1*#1+#2*#2=R*R
```

圆弧可沿#1方向划分成无数小段直线，然后求出其相应端点坐标，再求出相对的数控车床中的坐标，最后按直线进行编程加工，如图 6-6 所示。则此段圆弧精加工轨迹为：

```
G0X0;
G1Z0F0.1;
#1=0;
N10 #2=SQRT[20*20-#1*#1];     (SQRT 表示开平方)
#3=#1-20;          (圆的原点在工件坐标左侧20，所以圆弧上所有点坐标Z要减20)
#4=2*#2;          (圆的方程计算出的为半径值，需转化为直径值才能与直径编程对应)
G1X[#4]Z[#3]F0.1;          (沿小段直线插补加工)
#1=#1-0.5;          (递减一小段距离，此值越小，圆弧越光滑)
IF [#1GE0] GOTO 10;          (条件判断是否到达终点)
G1X42;          (直线切出外圆)
```

如果要再加上分层的粗加工，设偏移量为#5，则程序改为：

```
O0001;
T0101;
M3S800;
G0X42Z5;
#5=36;
N5 G0X[#5];
G1Z0F0.1;
#1=20;
N10 #2=SQRT[20*20-#1*#1];     (SQRT 表示开平方)
#3=#1-20;          (圆的原点在工件坐标左侧20，所以圆弧上所有点坐标Z要减20)
#4=2*#2+#5;          (圆的方程计算出的为半径值，需转化为直径值才能与直径编程对应)
G1X[#4]Z[#3]F0.1;          (沿小段直线插补加工)
#1=#1-0.5;          (递减一小段距离，此值越小，圆弧越光滑)
IF [#1 GE 0] GOTO 10;          (条件判断是否到达终点)
G1X42;          (直线插补切出外圆)
G0Z5;
#5=#5-4;
IF [#5 GE 0] GOTO 5;
G0X150Z150;
M5;
M30;
```

以上程序分内外两层循环。外层循环为分层加工，内层循环为小段直线插补一条圆弧。

3）圆的参数方程编制宏程序车半球面

将圆的方程 $\begin{cases} X=R\times\cos\theta \\ Y=R\times\sin\theta \end{cases}$ 改写为 $\begin{cases} \#1 = 20\times\cos[\#3] \\ \#2 = 20\times\sin[\#3] \end{cases}$，其中#3 为参数方程对应图纸中角度。

使用参数方程比使用圆的标准方程具有一个优点。从图 6-7 中可以看出，使用标准方程式，在工件最右端，划分直线坡度较大，从右至左划分线段不均匀；而使用圆的参数方程所划分的直线段是按照圆周方向划分的，因此分布均匀，从而使零件表面加工质量好。参考程序如下：

```
O0001;
T0101;
M3S800;
G0X42Z5;
#6=36;
N5 G0X[#6];
G1Z0F0.1;
#3=0;
N10 #1=20*COS[#3];
#2=20*SIN[#3];
#4=2*#2+#6;          (圆的方程计算出的为半径值，需转化为直径值才能与直径编程对应)
#5=#1-20;
G1X[#4]Z[#5]F0.1;    (沿小段直线插补加工)
#1=#1+3;             (递减3度，此值越小，圆弧越光滑)
IF [#1 LE 90] GOTO 10;  (条件判断是否到达终点)
G1X42;               (直线插补切到工件外圆之外)
G0Z5;
#6=#6-4;
IF [#6 GE 0] GOTO 5;
G0X150Z150;
M5;
M30;
```

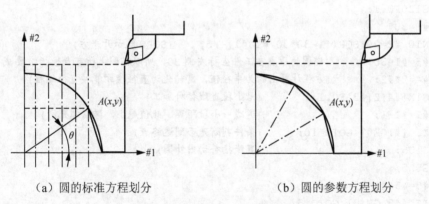

（a）圆的标准方程划分　　　　（b）圆的参数方程划分

图6-7　圆的标准方程与参数方程划分

3. 车椭圆面

通过前面内容的学习，接下来加工椭圆的宏程序应该很容易理解了。

例6-6 假设椭圆 a=30、b=20，应用宏程序只加工半个椭圆。

1）椭圆的标准方程编制宏程序车椭圆面

椭圆标准方程：

X*X/a*a+Y*Y/b*b=1　　(其中 a 为长半轴，b 为短半轴)

若将 X 和 Y 用参数变量代替可改写为：

```
#1*#1/a*a+#2*#2/b*b=1
```

椭圆可沿长半轴#1方向划分成无数小段直线，然后求出其相应端点坐标，再求出相对的数控车床中的坐标，最后按直线进行编程加工。椭圆 a=30、b=20，则此段椭圆精加工轨迹为：

```
G0X0;
G1Z0F0.1;
#1=30;
N10 #2=20*SQRT[1-30*30/#1*#1];    (SQRT 表示开平方)
#3=#1-30;        (椭圆的原点在工件坐标左侧30，所以椭圆上所有点坐标 Z 要减20)
#4=2*#2;        (方程计算出的为半径值，需转化为直径值才能按直径编程)
G1X[#4]Z[#3]F0.1;        (沿小段直线插补加工)
#1=#1-1;        (递减一小段距离，此值越小，椭圆越光滑)
IF [#1GE0] GOTO 10;    (条件判断是否到达终点)
G1X42;        (直线切出外圆)
```

如果要再加上分层的粗加工，设偏移量为#5，则程序改为：

```
O00001;
T0101;
M3S800;
G0X42Z5;
#5=36;
N5 G0X[#5];
G1Z0F0.1;
#1=30;
N10 #2=20*SQRT[1-30*30/#1*#1]+#5;    (SQRT 表示开平方)
#3=#1-30;        (椭圆的原点在工件坐标左侧30，所以椭圆上所有点坐标 Z 要减20)
#4=2*#2;        (方程计算出的为半径值，需转化为直径值才能按直径编程)
G1X[#4]Z[#3]F0.1;        (沿小段直线插补加工)
#1=#1-1;        (递减一小段距离，此值越小，椭圆越光滑)
IF [#1GE0] GOTO 10;    (条件判断是否到达终点)
G1U5;        (直线插补切出外圆)
G0Z5;
#5=#5-4;
IF [#5 GE 0] GOTO 5;
G0X150Z150;
M5;
M30;
```

以上程序分内外两层循环。外层循环为分层加工，内层循环为小段直线插补一条四分之一椭圆弧。

2）椭圆的参数方程编制宏程序车椭圆面

将圆的方程 $\begin{cases} X = a \times \cos\theta \\ Y = b \times \sin\theta \end{cases}$ 改写为 $\begin{cases} \#1 = 30 \times \cos[\#3] \\ \#2 = 20 \times \sin[\#3] \end{cases}$，其中#3为参数方程对应图纸中角度，

相应程序如下：

```
T0101;
M3S800;
G0X42Z5;
#6=36;
N5 G0X[#6];
G1Z0F0.1;
#3=0;
N10 #1=30*COS[#3];
#2=20*SIN[#3];
#4=2*#2+#6;            （计算出的为半径值，需转化为直径值才能与直径编程对应）
#5=#1-30;
G1X[#4]Z[#5]F0.1;      （沿小段直线插补加工）
#1=#1+3;               （递减 3 度，此值越小，工件表面越光滑）
IF [#1 LE 90] GOTO 10; （条件判断是否到达终点）
G1X42;                 （直线插补切到工件外圆之外）
G0Z5;
#6=#6-4;
IF [#6 GE 0] GOTO 5;
G0X150Z150;
M5;
M30;
```

3）椭圆的参数方程与标准方程综合运用

在实际车削加工中，椭圆车削加工的走刀路线有如下几种：

粗加工：应根据毛坯的情况选用合理的走刀路线。

（1）对棒料、外圆切削，应采用类似 G71 的走刀路线。

（2）对盘料，应采用类似 G72 的走刀路线。

（3）对内孔加工，选用类似 G72 的走刀路线较好，此时镗刀杆可粗一些，易保证加工质量。

精加工：一般应采用仿形加工，即半精车、精车各一次。

例 6-7 加工图 6-8 所示的椭圆轮廓，棒料为 φ40，编程零点放在工件右端面。

对椭圆轮廓，其方程有两种形式。对粗加工，采用 G71/G72 走刀方式时，用直角坐标方程比较方便；而精加工（仿形加工）用极坐标方程比较方便。参考程序如下：

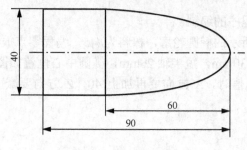

图 6-8 椭圆轮廓加工

```
O0001;
G50 X100 Z200;
T0101;
G95 G0 X41 Z2 M03 S800;
G1 Z-100 F0.3;                    (粗加工开始)
G0 X42;
Z2;
#1=20*20*4;
#2=60;
#3=35;                           (X初值(直径值)
WHILE[ #3 GE 0] DO1;             (粗加工控制)
#4=#2*SQRT[1-#3*#3/#1];          (Z)
G0 X[#3+1];                      (进刀)
G1 Z[#4-60+0.2] F0.3;            (切削)
G0 U1;                           (退刀)
   Z2;                           (返回)
#3=#3-7;                         (下一刀切削直径)
END1;
#10=0.8;                         (x向精加工余量)
#11=0.1;                         (z向精加工余量)
WHILE[ #10 LE 0] DO1;            (半精、精加工控制)
G0 X0 S1500;                     (进刀,准备精加工)
#20=0;                           (角度初值)
  WHILE [#20 LE 90] DO2;         (曲线加工)
  #3=2*20*SIN[#20];              (X)
  #4=60*COS[#20];                (Z)
  G1 X[#3+#10] Z[#4+#11] F0.1;
  #20=#20+1;
  END2;
  G1 Z-100;
  G0 X45 Z2;
  #10=#10-0.8;
#11=#11-0.1;
END1;
G0 X100 Z200 T0100;
M30;
```

4）任意位置椭圆宏程序的编制

例 6-8　加工图 6-9 所示的椭圆轮廓，棒料为 $\phi45$，编程零点放在工件右端面。

图 6-9 中椭圆长半轴 30mm，短半轴 20mm，椭圆中心位置如图所示，不在轴线上，因此在计算编程所用的坐标值时，X 方向要再加上 40，Z 方向要减去 30+10=40。参考程序如下：

```
O0001;
T0101;
M3S800;
```

```
G0X82Z5;
#6=36;
N5 G0X[#6+40];
G1Z-10F0.1;
#3=0;
N10 #1=30*COS[#3];
#2=20*SIN[#3];
#4=2*#2+#6+40;              (计算出的为半径值，需转化为直径值才能与直径编程对应)
#5=#1-30-10;
G1X[#4]Z[#5]F0.1;          (沿小段直线插补加工)
#1=#1+3;                    (递减3°，此值越小，工件表面越光滑)
IF [#1 LE 90] GOTO 10;     (条件判断是否到达终点)
G1X82;                      (直线插补切到工件外圆之外)
G0Z5;
#6=#6-4;
IF [#6 GE 0] GOTO 5;
G0X150Z150;
M5;
M30;
```

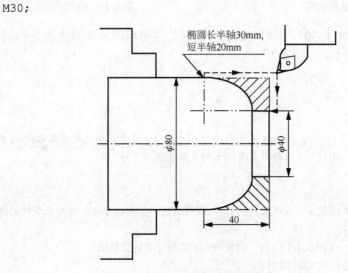

图6-9　任意位置椭圆

5）车床旋转椭圆宏程序的编制

要对斜椭圆进行编程，首先要知道单个坐标点旋转所用的公式。如图6-10所示，单个点逆时针旋转一定角度，公式推导如下：

$$s=r\cos(a+b)=r\cos(a)\cos(b)-r\sin(a)\sin(b) \tag{6.1}$$

$$t=r\sin(a+b)=r\sin(a)\cos(b)+r\cos(a)\sin(b) \tag{6.2}$$

其中 $x=r\cos(a)$，$y=r\sin(a)$ 代入式(6.1)、式(6.2)得：

$$s=x\cos(b)-y\sin(b) \tag{6.3}$$

$$t=x\sin(b)+y\cos(b) \tag{6.4}$$

公式中角度 b，逆时针为正，顺时针为负。根据下图，原来的点（#1，#2），旋转后的点（#4，#5），则公式如下：

$$\#4=\#1*COS[30]-\#2*SIN[30]$$

$$\#5=\#1*SIN[30]+\#2*COS[30]$$

例 6-9　加工图 6-11 所示的椭圆轮廓，棒料为 ϕ90，编程零点放在工件右端面。

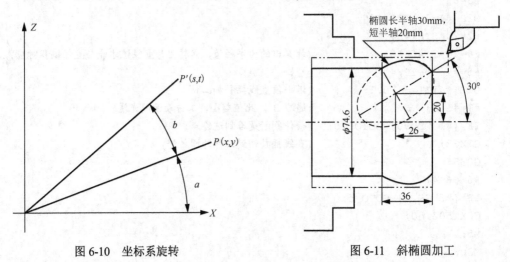

图 6-10　坐标系旋转　　　　　　　　　　　图 6-11　斜椭圆加工

图 6-11 中的椭圆旋转了 30°，即#1=30 旋转前后的点坐标的坐标原点都是椭圆中心。参考程序如下：

```
T0101;
M3S800;
G0X82Z5;
#6=16;                    (工件毛坯假设为 90mm，#6 为每层切削时椭圆弧向+X 的偏移量)
N5 G0X[#6+30+40];         (斜椭圆与端面的交点直径为 70)
G1Z0F0.1;
#3=0;
N10 #1=30*COS[#3];        (对应角度#3 的椭圆上的一个点的坐标，此为未旋转的椭圆的点)
#2=20*SIN[#3];
#4=#1*COS[30]-#2*SIN[30]; (旋转 30°之后对应的坐标值)
#5=#1*SIN[30]+#2*COS[30];
#7=2*#4+#6+40;            (坐标平移后的坐标)
#8=#1-26;
G1X[#7]Z[#8]F0.1;         (沿小段直线插补加工)
#1=#1+3;                  (递减 3°，此值越小，工件表面越光滑)
IF [#1 LE 90] GOTO 10;    (条件判断是否到达终点)
G1X92;                    (直线插补切到工件外圆之外)
G0Z5;
#6=#6-4;
IF [#6 GE 0] GOTO 5;
G0X150Z150;
M05;
M30;
```

4. 抛物线加工

例6-10 加工图6-12所示的椭圆轮廓，棒料为$\phi 100$，编程零点放在工件右端面。

抛物线孔的方程为$Z=X^2/16$，换算成直径编程形式为$Z=X^2/64$，则$X=\mathrm{sqrt}[Z]/8$。采用端面切削方式，编程零点放在工件右端面中心，工件预钻有$\phi 30$底孔。参考程序如下：

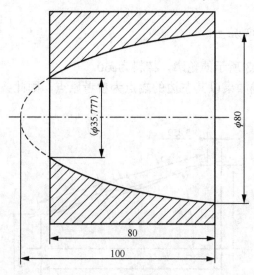

图6-12　抛物线加工

```
O0001;
G50 X100 Z200;
T0101;
G90 G0 X28 Z2 M03 M07 S800;
#1=-3;                       (Z)
WHILE [#1 GE -81] DO1;       (粗加工控制)
#2=SQRT[100+#1]/8;           (X)
G0 Z[#1+0.3];
G1 X[#2-0.3] F0.3;
G0 X28 W2;
#1=#1-3;
END1;
#10=0.2;
#11=0.2;
WHILE [#10 GE 0] DO1;        (半精、精加工控制)
#1=-81;
G0 Z-81 S1500;
WHILE [#1 LT 0.5] DO2;       (曲线加工控制)
#2=SQRT[100+#1]/8;           (X)
G1 X[#2-#10] Z[#1+#11] F0.1;
#1=#1+0.3;
END2;
G0 X28;
```

```
#10=#10-0.2;
#11=#11-0.2;
END1;
G0 X100 Z200 M05 M09;
T0100;
M30;
```

5. 正弦函数宏程序加工

例 6-11　加工图 6-13 所示的轮廓，棒料为 $\phi50$。

图 6-13 中正弦曲线如果以其左边的端点为参考原点，则此条正弦曲线顺时针旋转了 16°，即 $b=-16$。

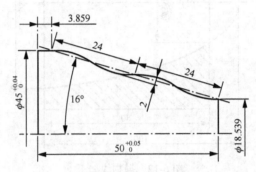

图 6-13　正弦函数加工

此正弦曲线周期为 24，对应直角坐标系的 360，即对应关系为：

```
[0, 360]  y=sin(x);
[0, 24]   y=sin(360*x/24).
```

可理解为：

```
360/24 是单位数值对应的角度;
360*x/24 是当变量在[0, 24]范围取值为 x 时对应的角度;
sin（360*x/24）是当角度为 360*x/24 时的正弦函数值。
```

旋转正弦函数曲线粗精加工程序如下：

```
O00001;
T0101;
M3S800;
G0X52Z5;
#6=26;(工件毛坯假设为 50mm, #6 为每层切削时向+X 的偏移量)
N5 G0X[#6+18.539];
G1Z0F0.1;
#1=48;
N10 #2=sin[360*#1/24];
#4=#1*COS[-16]- #2*SIN[-16];            (旋转 30°之后对应的坐标值)
#5=#1*SIN[-16]+ #2*COS[-16];
#7=#4-[50-3.875];                       (坐标平移后的坐标)
```

```
#8=45+2*#5+#6;
G1X[#8]Z[#7]F0.1;                    (沿小段直线插补加工)
#1=#1-0.5;                           (递减0.5，此值越小，工件表面越光滑)
IF [#1 GE 0] GOTO 10;                (条件判断是否到达终点)
Z-50;
G1X52;                               (直线插补切到工件外圆之外)
G0Z5;
#6=#6-2;
IF [#6 GE 0] GOTO 5;
G0X150Z150;
M5;
M30;
```

宏程序是手工编程的精髓，也是手工编程的最大亮点和最后堡垒。编制简洁合理的数控宏程序，能最大限度发挥数控机床的加工效率，既能锻炼从业人员的编程能力，又能解决自动编程在生产实际中存在的不足。

从模块化加工的角度看，宏程序最具有模块化的思想和资质条件，编程人员只需要根据零件几何信息和不同的数学模型即可完成相应的模块化加工程序设计，应用时只需要把零件信息、加工参数等输入到相应模块的调用语句中，就能使编程人员从繁琐的、大量重复性的工作中解脱出来，这就是宏程序模块化程序设计的魅力。

目前各类职业院校在相关专业教学中，过分依赖 CAD/CAM 软件，忽略了手工编程的价值和作用，造成学生编程能力得不到应有的训练和提高。以上仅就数控编程中的应用到宏程序加工提供新的解决方案，从而实现程序设计的灵活性、自由性、通用性，以弥补自动编程的不足。

6.3　数控自动编程应用

20 世纪 90 年代以前，市场上销售的 CAD/CAM 软件基本上为国外的软件系统。20 世纪 90 年代以后，国内在 CAD/CAM 技术研究和软件开发方面进行了卓有成效的工作，尤其是在以 PC 动性平台的软件系统方面，其功能已能与国外同类软件相当，并在操作性、本地化服务方面具有优势。一个好的数控编程系统，已经不仅仅用于绘图、作轨迹、出加工代码，还是一种先进的加工工艺的综合，先进加工经验的记录、继承和发展。

北航海尔软件公司经过多年来的不懈努力，推出了 CAXA 数控车数控编程系统。这套系统集 CAD、CAM 于一体，功能强大、易学易用、工艺性好、代码质量高，现在已经在全国上千家企业使用，并受到好评，不但降低了投入成本，而且提高了经济效益。本书将以图 6-14 为例，介绍 CAXA 数控车的具体应用。

6.3.1　内孔加工

1. 绘制轨迹轮廓

生成轨迹时，只需画出由要加工出的轮廓和毛坯轮廓的上半部分组成的封闭区域（需切除部分）即可，其余线条不用画出。

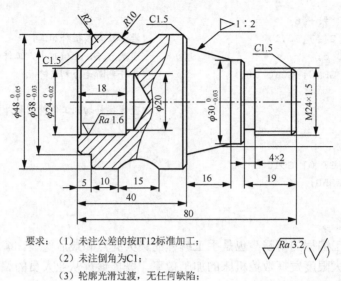

要求：（1）未注公差的按IT12标准加工；

（2）未注倒角为C1；

（3）轮廓光滑过渡，无任何缺陷；

（4）锐边去毛刺。

$$\sqrt{\frac{Ra\ 3.2}{}}\ (\sqrt{\ })$$

图 6-14　自动编程加工示例

选取 ╱ 命令，`1: 两点线 ▼ 2: 连续 ▼ 3: 正交 ▼ 4: 点方式 ▼` 选取正交方式，画线，如图 6-15（a）所示。其中线 1 为内孔轮廓线，距原点距离为 12；线 2 为毛坯轮廓线，距原点距离为 10，孔深为 18。修剪多余直线，选取 ┌ 命令对内孔轮廓进行倒角操作，完成如图 6-15（b）所示图形。

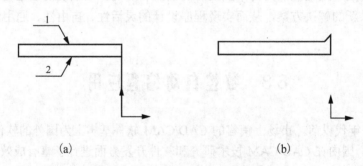

（a）　　　　　　　　　　　　　　　　（b）

图 6-15　内孔轮廓和毛坯轮廓

根据前面加工工序卡中可知，此内孔加工分为粗、精加工，因此首先对孔进行粗加工设置。

2. 粗加工步骤

（1）参数设置。单击 ▆ 按钮或在菜单区中的"数控车"子菜单区中选取"轮廓粗车"菜单项，系统弹出加工参数表，具体参数设置如图 6-16 所示。

单击对话框中的"进退刀方式"标签即进入进退刀方式参数表。该参数表用于对加工中的进退刀方式进行设定，具体参数设置如图 6-17 所示。

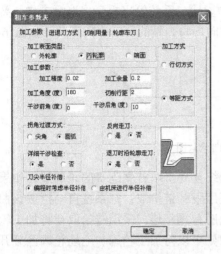

图 6-16 轮廓粗车加工参数表

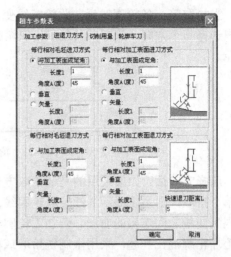

图 6-17 轮廓粗车进退刀方式

在每种刀具轨迹生成时，都需要设置一些与切削用量及机床加工相关的参数。单击"切削用量"标签可进入切削用量参数设置页，具体参数设置如图 6-18 所示。

注意：在此标签内有一"主轴最高转速"的选项，系统默认为 10000r/m，要将此转速改为低于 5000r/m，如果不这样做，当将生成的程序导入机床时会报错。

单击"轮廓车刀"标签可进入轮廓车刀参数设置页。该页用于对加工中所用的刀具参数进行设置，具体参数设置如图 6-19 所示。

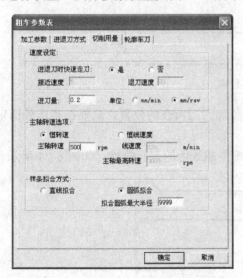

图 6-18 轮廓粗车切削用量参数表

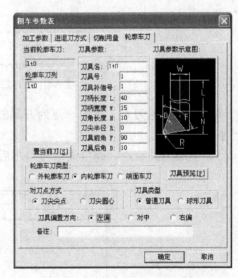

图 6-19 轮廓粗车轮廓车刀参数表

当以上参数都填写完成后，单击对话框"确认"按钮。

（2）拾取轮廓。系统提示用户选择轮廓线，拾取轮廓线可以利用曲线拾取工具菜单，如图 6-20 所示。工具菜单提供三种拾取方式：单个拾取、链拾取和限制链拾取。

```
1: 限制链拾取 ▼ 2: 链拾取精度 0.05
```

图 6-20 链拾取菜单工具

当拾取第一条轮廓线后，此轮廓线变为红色的虚线。系统给出提示：选择方向。要求用户选择一个方向，此方向只表示拾取轮廓线的方向，与刀具的加工方向无关，如图 6-21 所示。

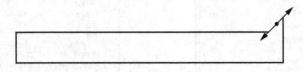

图 6-21　轮廓拾取方向示意图

选择方向后，如果采用的是链拾取方式，则系统自动拾取首尾连接的轮廓线；如果采用单个拾取，则系统提示继续拾取轮廓线；如果采用限制链拾取；则系统自动拾取该曲线与限制曲线之间连接的曲线。若加工轮廓与毛坯轮廓首尾相连，采用链拾取会将加工轮廓与毛坯轮廓混在一起；采用限制链拾取或单个拾取则可以将加工轮廓与毛坯轮廓区分开。本例当中采用限制链拾取的方式，如图 6-22 所示选取内孔轮廓（红色虚线部分）。

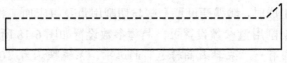

图 6-22　内孔轮廓

（3）拾取毛坯轮廓。拾取方法与上类似，选取结果如图 6-23 所示（虚线中除内孔轮廓外）。

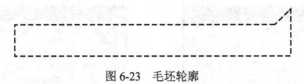

图 6-23　毛坯轮廓

（4）确定进退刀点。指定一点为刀具加工前和加工后所在的位置，只要在实体外部定义一点即可。

（5）生成刀具轨迹。确定进退刀点之后，系统生成绿色的刀具轨迹，如图 6-24 所示。

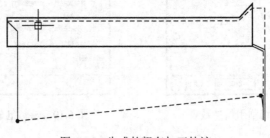

图 6-24　生成的粗车加工轨迹

3. 精加工步骤

（1）参数设置。单击■按钮或在菜单区中的"数控车"子菜单区中选取"轮廓精车"菜单项，系统弹出加工参数表，具体参数设置如图 6-25 所示。其中"轮廓精车"参数设置与"轮廓粗车"相似，这里不再重复叙述。图 6-26 为轮廓精车切削用量参数表。

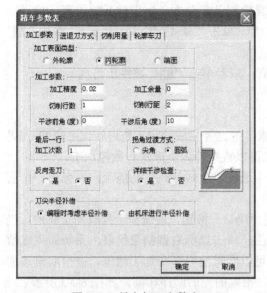

图 6-25　精车加工参数表

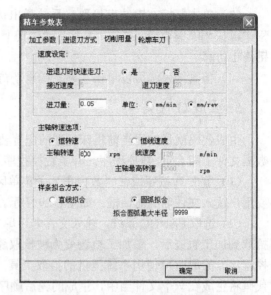

图 6-26　轮廓精车切削用量参数表

当以上参数都填写完成后，单击对话框"确认"按钮。

（2）拾取轮廓。方式与轮廓粗车相同。

（3）确定进退刀点。方式与轮廓粗车相同。

（4）生成刀具轨迹。确定进退刀点之后，系统生成绿色的刀具轨迹，如图 6-27 所示。

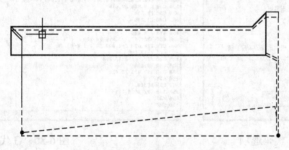

图 6-27　生成的精车加工轨迹

4. 轨迹仿真

轨迹仿真就是对已有的加工轨迹进行加工过程模拟，以检查加工轨迹的正确性。轨迹仿真分为动态仿真、静态仿真和二维仿真。仿真时可指定仿真的步长来控制仿真的速度，也可以通过调节速度条控制仿真速度。当步长设为 0 时，步长值在仿真中无效；当步长大于 0 时，仿真中每一个切削位置之间的间隔距离即为所设的步长。

（1）单击 按钮或在菜单区中的"数控车"子菜单区中选取"轨迹仿真" 菜单项，同时可指定仿真的类型和仿真的步长。此例中选择二维实体，如图 6-28 所示。

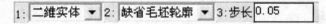

图 6-28　轨迹仿真选项

（2）拾取要仿真的加工轨迹，此时可使用系统提供的选择拾取工具。

（3）单击鼠标右键结束拾取，系统弹出仿真控制条，单击"▶"键开始仿真。仿真过程中可按"‖"键暂停、单击"▶▶"键仿真上一步、单击"◀◀"键仿真上一步、单击"■"键终止仿真。

（4）仿真结束，可以单击"▶"键重新仿真，或者单击"■"键终止仿真。

5. 生成 G 代码

生成代码就是按照当前机床类型的配置要求，把已经生成的加工轨迹转化生成 G 代码数据文件，即 CNC 数控程序。有了数控程序就可以直接输入机床进行数控加工。

（1）单击 按钮或在"数控车"子菜单区中选取"生成代码"功能项，则弹出一个需要用户输入文件名的对话框，如图 6-29 所示。

（2）选取 FANUC 系统，输入文件名后单击"确认"按钮，系统提示拾取加工轨迹。当拾取到加工轨迹后，该加工轨迹变为被拾取颜色。单击鼠标右键结束拾取，系统即生成数控程序。拾取时可使用系统提供的拾取工具，可以同时拾取多个加工轨迹，被拾取轨迹的代码将生成在一个文件当中，生成的先后顺序与拾取的先后顺序相同，如图 6-30 所示。

图 6-29　生成 G 代码选项

图 6-30　G 代码

6.3.2　左半段外轮廓

1. 绘制轨迹轮廓

选取 命令，1：两点线　▼ 2：连续 ▼ 3：正交　▼ 4：点方式　▼　选取正交方式，依照图中轮廓尺寸画出要加工的轮廓线，如图 6-31（a）所示。然后画出毛坯轮廓线，毛坯尺寸为 $\phi50mm$，如图 6-31（b）所示，图中阴影部分即为本道工序中所要切除的部分。

根据前面加工工序卡中可知，此段外圆加工分为粗、精加工，因此首先对外圆进行粗加工设置。

2. 粗加工步骤

（1）参数设置。此处加工操作与前面所讲内孔加工类似，加工参数表的设置如图 6-32 所示，刀具参数设置如图 6-33 所示。其他参数的设置与前面相同，这里不再叙述。

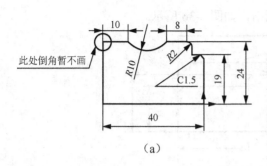

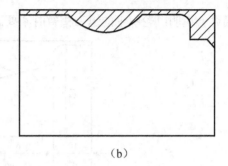

图 6-31　轨迹轮廓

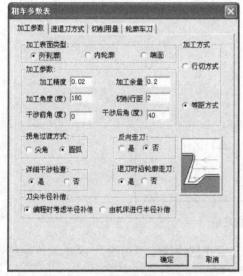

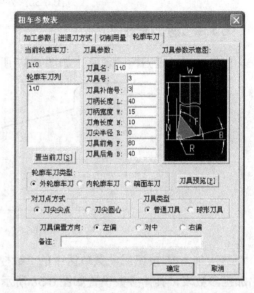

图 6-32　轮廓粗车加工参数表　　　　　　图 6-33　轮廓车刀参数设置

拾取轮廓及毛坯轮廓的选取方式与前面都相同，不再重复。图 6-34 中的虚线为外轮廓线。参数设置好后生成刀具路径，如图 6-35 所示。

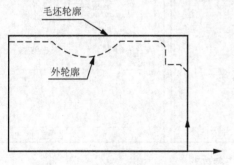

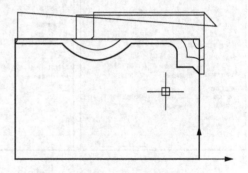

图 6-34　外轮廓线和毛坯轮廓　　　　　　　图 6-35　粗车刀具路径

（2）精加工操作、G 代码生成的步骤都与前面相同，不再重复。

6.3.3　右半段轮廓加工

右半段加工与左半段加工方法类似，这里只将轮廓和毛坯轮廓画出，参数设置不再重复描述。说明：轮廓中的退刀槽暂时不要画出，如图 6-36 所示。

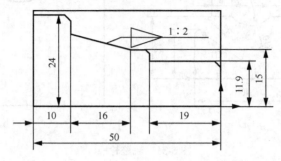

图 6-36　外轮廓与毛坯轮廓

6.3.4　退刀槽加工

首先绘制出退刀槽的轮廓，如图 6-37 所示。

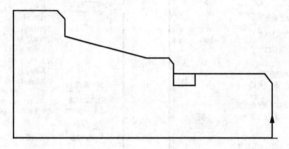

图 6-37　退刀槽轮廓

其次单击 按钮或在菜单区中的"数控车"子菜单区中选取"切槽"菜单项，系统弹出加工参数表，具体参数设置如图 6-38 所示。

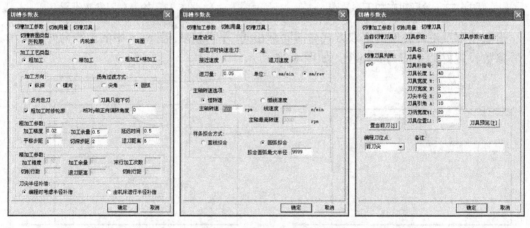

图 6-38　切槽加工参数表

设置完成后，单击"确定"按钮，选取退刀槽轮廓，如图 6-39 所示，在工件体外定一个"进退刀点"，随后生成刀具轨迹如图 6-40 所示。G 代码生成不再描述。

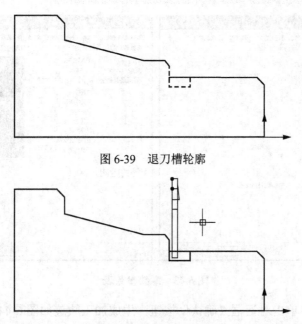

图 6-39 退刀槽轮廓

图 6-40 切槽刀具轨迹

6.3.5 螺纹加工

在螺纹加工中的轮廓线如图 6-41 所示，单击 按钮或在菜单区中的"数控车"子菜单区中选取"车螺纹"菜单项，根据提示选择螺纹的起点和终点，系统弹出螺纹参数表，具体参数设置如图 6-42、图 6-43 所示。

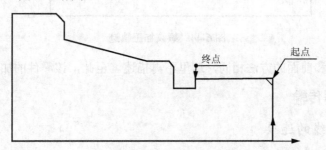

图 6-41 轮廓线

图 6-42 螺纹参数表

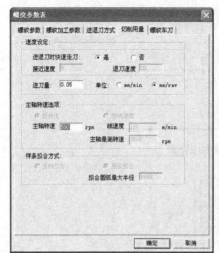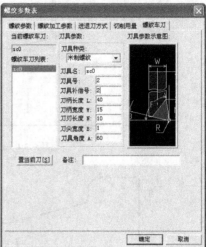

图 6-43　螺纹参数表

设置完参数后，单击对话框"确认"按钮，生成加工轨迹如图 6-44 所示。

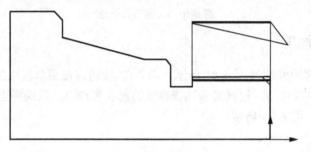

图 6-44　螺纹加工轨迹

G 代码的生成和前面的方法相同，这里不再描述。至此，该零件的加工全部完成。

6.3.6　数据传输

1. 数控传输线的连接

数控传输线是数控机床与计算机之间的通信线。其连接方式有两种，即 9 针与 9 针相连和 9 针与 25 针相连。其连接插件如图 6-45 所示，连接方式如图 6-46 所示。

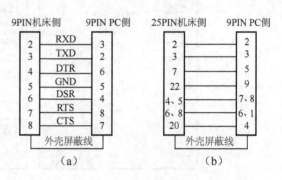

图 6-45　传输连接插件　　　　　图 6-46　传输线连接方式

2. 数控程序的传输

虽然用于数控传输的软件较多，但其传输方法却大同小异。现以西门子系统随机光盘中自带的"WIN PCIN"软件为例来说明传输的方法。

1）传输软件参数的设定

（1）在电脑上打开西门子系统传输软件"WIN PCIN"，出现如图 6-47 所示的操作主界面。

图 6-47 传输软件"WIN PCIN"操作主界面

（2）单击"RS232 Config"按钮进入如图 6-48 所示的传输参数设置界面。

（3）根据机床中设置的参数，在程序中设置如下传输参数值并保存。

- 传输端口（Comm Port）：根据计算机的接线口选择 COM1 或 COM2。
- 波特率（Baudrate）：9600 或 4800。
- 数据位（Data bits）：7。
- 停止位（Stop bits）：2。
- 奇偶校验（Parity）：EVEN。
- 代码类别：ISO。

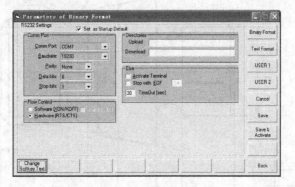

图 6-48 传输参数设置画面

2）程序的输入

在程序传输的过程中，一般是哪一侧要输入则哪一侧先操作，具体操作过程如下。

（1）单击机床操作面板的"EDIT"按钮，再单击 MDI 功能按钮 PROG 。

（2）输入地址"O"及赋值给程序的程序号，单击显示屏软键[OPRT]。

（3）单击屏幕软键[READ]和[EXEC]，程序被输入。

（4）在计算机传输软件主界面上单击"Send Data"按钮进入发送界面，找到要传输的文件（如图6-49所示）并打开，即开始传输程序。

图6-49　选择传输文件

（5）传输完成后，注意比较一下计算机和机床两端的数据，如果数据大小一致则表明传输成功。

3）程序的输出

程序的输出操作与输入操作相似，操作过程略。

思考与练习

1. 试编写如图6-50所示工件的加工程序（毛坯尺寸为ϕ50mm×120mm），并在数控车床上进行加工。

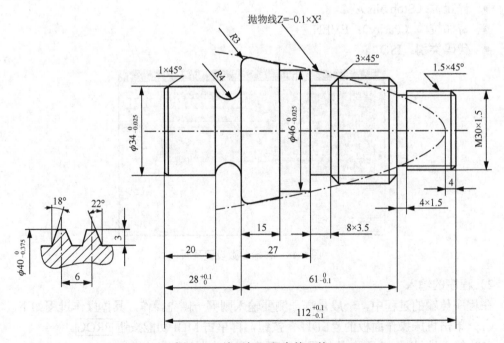

图6-50　编写加工程序的工件

2. 试采用自动编程软件编写如图 6-51 所示工件（毛坯尺寸为 φ50mm×80mm）的数控车加工程序，并将该程序通过计算机传输的方法传入数控系统，然后加工出该工件。

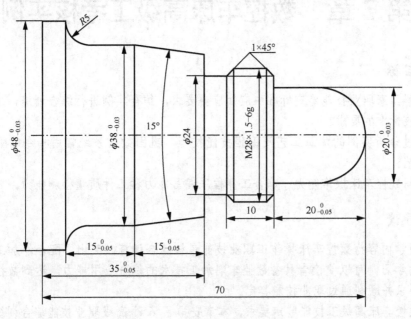

图 6-51 编写加工程序的工件

第7章 数控车床高级工考核实例

学习目标

❖ 了解国家职业技能鉴定标准中应知应会要求，结合实例进行综合训练，达到高级工考核标准的要求。

❖ 通过分析实例的加工工艺及编程技能技巧，巩固数控系统常用指令的编程与加工工艺。

❖ 提高数控车床操作能力、综合工件程序编写能力和工件质量检测能力。

教学导读

本章教学内容为数控车床操作工职业技能考核综合训练，突出了配合件加工与装配。通过本章的学习，可以使读者具备数控车削加工技术的综合应用能力，达到数控车床操作高级工的要求并顺利通过职业技能鉴定。

按照数控车床高级工技能鉴定要求，本章安排了 6 个高级职业技能综合训练实例，下面两个图形为本章考核实例 1 中的三维造型，其他图形请读者自己去想象。

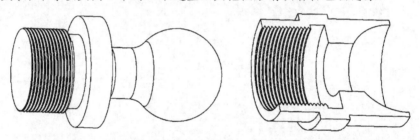

高级工考核实例 1 三维图

教学建议

（1）在实际操作训练过程中应增加高级工课题的实战练习题，应不拘泥于课本知识，以提高学生编程与操作的技能技巧。

（2）本章教学的目的就是提高学生解决实际问题的能力，因此要多联系实际问题进行课题的训练与操作。

（3）良好的设备保养习惯是靠平时的实践中逐渐形成的，所以要在平时的实践中进行强化。

（4）实践操作过程中，要经常对图形中的关键尺寸进行测量，防止产生的误差对下道工序造成影响。

7.1 数控车床高级工考核实例 1

7.1.1 课题描述与课题图

加工如图 7-1 所示的工件，试分析其加工步骤并编写数控车床加工程序。已知毛坯尺寸为 $\phi50mm\times94mm$ 与 $\phi50mm\times55mm$。

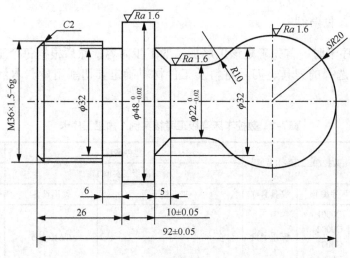

件1零件图

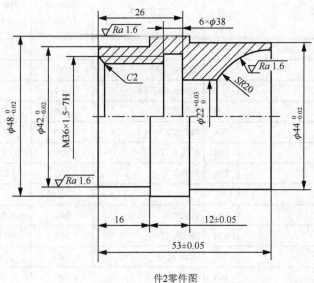

件2零件图

技术要求：　　　　$\sqrt{Ra\,3.2}\,(\sqrt{})$

1. 圆弧面光滑过渡
2. 涂色检查球面接触面积不得小于60%

图7-1　数控车床高级工考核实例1

7.1.2 课题分析

1. 加工准备

本例件 2 毛坯材料加工前先钻出直径为 $\phi20$ 的通孔。

2. 加工要求

本课题的工时定额为 5 小时，其要求见表 7-1。

3. 数控工序卡编制

编写数控工序卡时，首先确定该工序加工的工步内容；然后根据每个工步内容选择刀具；最后根据所选择的刀具、刀具材料及工件材料确定其切削用量。本例加工工序卡见表 7-1。

表 7-1　数控车床高级工考核实例 1 加工工序卡

数控实训中心	数控加工工序卡片		零件名称			零件图号
			高级工实例 1			7-1
工艺序号	程序编号	夹具名称	夹具编号		使用设备	车　间
7-1	O0001 O0002 O0003 O0004	三爪卡盘			CAK6136	数控车床车间
工步号	工步内容	刀具号	刀具规格	主轴转速 (r/min)	进给速度 (mm/r)	备注
1	夹件 2 左端，伸出卡盘外 38mm					
2	打右端面定位孔		B2.5 中心钻	1000		
3	钻 $\phi20$mm 通孔		$\phi20$mm 麻花钻	400		
4	粗镗件 2 右端	T04	内孔镗刀	500	0.2	
5	精镗件 2 右端	T04	内孔镗刀	800	0.05	
6	粗车件 2 右端外轮廓	T01	外圆车刀	500	0.2	
7	精车件 2 右端外轮廓	T01	外圆车刀	800	0.05	
8	工件调头装夹					包铜皮
9	粗镗件 2 左端内轮廓	T04	内孔镗刀	500	0.2	
10	精镗件 2 左端内轮廓	T04	内孔镗刀	800	0.05	
11	加工内沟槽	T02	3mm 割刀	300	0.05	
12	加工内螺纹	T03	60°内螺纹刀	500		
13	件 2 与件 1 配车件 1 右端外轮廓	T01	35°外圆车刀	600	0.2	
14	自检后交验					
编制	高洪武	审　核		批　准		共 1 页　第 1 页

7.1.3 课题实施

1. 加工程序编写

参考程序见表 7-2。

表 7-2 数控车床高级工考核实例 1 参考程序

程 序 号	加 工 程 序	程 序 说 明
	O0001;	加工件 2 左端内外轮廓
N010	G99 G21 G40;	程序初始化
N020	M3 S600;	主轴正转，转速 600
N030	T0101 M8;	换 1 号外圆刀，开启冷却液
N040	G0 X51 Z2;	快进至循环点
N050	G71 U1.5 R0.5;	毛坯粗车循环
N060	G71 P70 Q120 U0.8 W0 F0.2;	
N070	G0 X42;	精加工轮廓描述
N080	G1 Z0 F0.1;	
N090	Z-16;	
N100	X48;	
N110	Z-30;	
N120	X51;	
N130	G0 X100 Z100 M9;	回换刀点，冷却液关
N140	M5;	主轴停止，程序暂停。测量工件，修改刀补
N150	M0;	
N160	M3 S1200;	主轴正转，转速 1200r/min
N170	T0101;	选择 1 号车刀
N180	G0 X51 Z2;	快进至循环起点
N190	G70 P70 Q120;	精车件 2 左端外轮廓
N200	G0 X100 Z100;	回换刀点，主轴停止，程序暂停，测量工件尺寸
N210	M5;	
N220	M0;	
N230	M3 S600;	主轴正转，转速 600r/min
N240	T0404 M8	选择 4 号内孔车刀，冷却液开
N250	G0 X19 Z2;	快进至循环起点
N260	G71 U1.5 R0.3;	内孔循环粗车
N270	G71 P280 Q320 U-0.8 W0 F0.2;	
N280	G0 X38.5;	精加工轮廓描述
N290	G1 Z0 F0.1;	
N300	X34.5 Z-2;	
N310	Z-26;	
N320	X19;	
N330	G0 X100 Z100 M9;	主轴停止，程序暂停。测量工件，修改刀补
N340	M5;	

程 序 号	加 工 程 序	程 序 说 明
N350	M0;	
N360	M3 S1000;	精车件 2 左端内轮廓
N370	T0404;	
N380	G0 X19 Z2;	
N390	G70 P280 Q320;	
N400	G0 X100 Z100;	
N410	M5;	
N420	M0;	
N430	M3 S400 T0505;	主轴正转，换 5 号内沟槽刀，刀宽 3mm
N440	G0 X33.5;	设置循环起点，加工内沟槽，注意进刀路线
N450	Z-26;	
N460	G75 R0.5;	
N470	G75 X38.5 Z-23 P1000 Q2000 F0.05;	
N480	G0 Z100;	退刀，主轴停止，程序暂停
N490	X100;	
N500	M5;	
N510	M0;	
N520	M3 S500;	加工内螺纹
N530	T0303;	
N540	G0 X33 Z5;	
N550	G76 P020060 Q100 R0.05;	
N560	G76 X36 Z-21 P975 Q400 F1.5;	
N570	G0 X100 Z100;	
N580	M30;	程序结束
	O0002;	加工件 2 右端内外轮廓
N010	G40 G99 G54;	程序初始化
N020	M3 S600 M8;	主轴正转，转速 600r/min，冷却液开
N030	T0101;	换 1 号外圆刀
N040	G0 X51 Z2;	快进至循环起点
N050	G71 U1.5 R0.5;	粗车件 2 右端外轮廓
N060	G71 P70 Q100　U0.8 W0 F0.2;	
N070	G0 X44;	精车路线描述
N080	G1 Z0 F0.1;	
N090	Z-25;	
N100	X51;	
N110	G0 X100 Z100;	回换刀点
N120	M5 M9;	主轴停止，程序暂停。测量工件，修改刀补
N130	M0;	
N140	M3 S1200;	精车件 2 右端外轮廓
N150	T0101;	
N160	G0 X51 Z2;	

续表

程 序 号	加 工 程 序	程 序 说 明
N170	G70 P70　Q100;	
N180	G0 X100 Z100;	回换刀点，测量尺寸
N190	M5;	
N200	M0;	
N210	M3 S600;	主轴正转，转速 600r/min
N220	T0404;	换 4 号内孔刀
N230	M8;	冷却开
N240	G0 X19 Z2;	
N250	G71 U1.5 R0.5;	粗车件 2 右端内轮廓
N260	G71 P270　Q310 U-0.8 W0 F0.2;	
N270	G0 X40;	精车路线描述
N280	G1 Z0 F0.1;	
N290	G3 X22 Z-16.7 R20;	
N300	G1 Z-30;	
N310	X19;	
N320	G0 X100 Z100;	主轴停止，程序暂停。测量工件，修改刀补
N330	M9;	
N340	M5;	
N350	M0;	
N360	M3 S1200 T0404;	精车件 2 右端内轮廓
N370	G0 X19 Z2;	
N380	G70 P270　Q310;	
N390	G0 X100 Z100;	
N400	M05;	
N410	M30;	程序结束
	O0003;	加工件 1 左端外轮廓
N010	M3 S600;	主轴正转，转速 600r/min
N020	T0101 M8;	换 1 号外圆刀，冷却开
N030	G0 X51 Z2;	粗车外轮廓
N040	G71 U1.5 R0.5;	
N050	G71 P60　Q120 U0.8 W0 F0.2;	
N060	G0 X31.85;	精车路线描述
N070	G1 Z0 F0.1;	
N080	X35.85 Z-2;	
N090	Z-26;	
N100	X48;	
N110	Z-38;	
N120	X51;	
N130	G0 X100 Z100;	主轴停止，程序暂停。测量工件，修改刀补
N140	M9;	
N150	M5;	

续表

程 序 号	加 工 程 序	程 序 说 明
N160	M0;	
N170	M3 S1200;	主轴正转，转速 1200r/min
N180	T0101;	精车件 1 左端
N190	G0 X51 Z2;	
N200	G70 P60 Q120;	
N210	G0 X100 Z100;	主轴停止，程序暂停。测量工件，修改刀补
N220	M5;	
N230	M0;	
N240	M3 S400;	主轴正转，转速 400r/min
N250	M8;	冷却液开
N260	T0202;	换 2 号外切槽刀，刀宽 3mm
N270	G0 X49 Z-26;	切螺纹退刀槽
N280	G75 R0.5;	
N290	G75 X32 Z-23 P1000 Q2000 F0.05;	
N300	G0 X100 Z100;	主轴停止，程序暂停
N310	M5 M9;	
N320	M0;	
N330	M3 S500;	主轴正转，转速 500r/min，换螺纹刀
N340	T0303;	
N350	G0 X37 Z5;	加工 M36×1.5-6G 外螺纹
N360	G76 P020060 Q100 R0.05;	
N370	G76 X34.05 Z-21 P975 Q400 F1.5;	
N380	G0 X100 Z100;	
N390	M30;	
	O0004;	件 1、件 2 配合，加工件 1 右端外轮廓
N010	M3 S600;	主轴正转，转速 600r/min
N020	T0101 M8;	换 1 号外圆刀（刀尖角 35°）冷却液开
N030	G0 X51 Z2;	仿形法粗车件 1 右端外轮廓
N040	G73 U14 R15;	
N050	G73 P60 Q120 U0.8 W0 F0.2;	
N060	G0 X0;	精车路线描述
N070	G1 Z0 F0.1;	
N080	G3 X28 Z-34.28 R20;	
N090	G2 X22 Z-41.42 R10;	
N100	G1 Z-51;	
N110	X32 W-5;	
N120	X51;	
N130	G0 X100 Z100;	主轴停止，程序暂停。测量工件，修改刀补
N140	M5;	
N150	M9;	
N160	M0;	

续表

程 序 号	加 工 程 序	程 序 说 明
N170	M3 S1200;	
N180	G50 S1500;	设置最高转速为 1500r/min
N190	T0707;	
N200	G96 S180;	设置线速度为 180m/min
N210	G0 X51 Z2;	
N220	G70 P60　Q120;	精车件 1 右端外轮廓
N230	G0 X100 Z100;	
N240	G97 S500;	取消线速度
N250	M30;	程序结束

2. 检测与评价（表 7-3）

表 7-3　数控车床高级工考核实例 1 检测与评价表

工件编号				总得分			
项目配分	序号	考核内容	配分	评分标准		检测	得分
件 1（31%）	1	$\phi48_{-0.02}^{0}$	4	超差 0.01 扣 1 分			
	2	$\phi22_{-0.02}^{0}$	4	超差 0.01 扣 1 分			
	3	$M36\times1.5\text{-}6g$	4	超差全扣			
	4	$SR20$，$R10$	2×2	超差全扣			
	5	92±0.05	3	超差 0.01 扣 1 分			
	6	10±0.05	3	超差 0.01 扣 1 分			
	7	一般尺寸及倒角	3	每错一处扣 1 分			
	8	$Ra1.6$	3	每错一处扣 1 分			
	9	$Ra3.2$	3	每错一处扣 1 分			
件 2（42%）	10	$\phi48_{-0.02}^{0}$	4	超差 0.01 扣 1 分			
	11	$\phi42_{-0.02}^{0}$	4	超差 0.01 扣 1 分			
	12	$\phi44_{-0.02}^{0}$	4	超差 0.01 扣 1 分			
	13	$\phi22_{0}^{+0.03}$	4	超差 0.01 扣 1 分			
	14	$M36\times1.5\text{-}7H$	4	超差全扣			
	15	12±0.05	3	超差 0.01 扣 1 分			
	16	53±0.05	3	超差 0.01 扣 1 分			
	17	6×2	2×2	超差 0.01 扣 1 分			
	18	$SR20$	3	超差全扣			
	19	一般尺寸及倒角	3	每错一处扣 1 分			
	20	$Ra1.6$	3	每错一处扣 1 分			
	21	$Ra3.2$	3	每错一处扣 1 分			
组合（20%）	22	圆弧配合	10	超差酌扣 3～10 分			
	23	螺纹配合	10	超差酌扣 3～10 分			

工件编号			总得分				
项目配分	序号	考核内容	配分	评分标准		检测	得分
其他（7%）	24	工件按时完成	4	未按时完成的全扣			
	25	工件无缺陷	3	缺陷一处扣 3 分			
程序与工艺	26	程序与工艺合理		每错一处扣 2 分			
机床操作	27	机床操作规范	倒扣	出错一次扣 2~5 分			
安全文明生产	28	安全操作		停止操作或酌扣 5~20 分			
其他	29	违反考风考纪	倒扣	酌情扣分			

7.1.4 课题小结

完成本例工件时，除了需进行精确的基点计算外，还应注意零件的加工次序，以保证本例工件加工过程中的合理装夹。本例工件的正确加工次序是：先加工件 2，保证各项尺寸精度，再加工件 1 的左端轮廓，然后件 1 和件 2 通过螺纹配合后再加工件 1 右端外轮廓。最后对工件和工作过程进行正确的检测和评价。

7.2 数控车床高级工考核实例 2

7.2.1 课题描述与课题图

加工如图 7-2 所示的工件，试分析其加工步骤并编写数控车床加工程序。已知毛坯尺寸为 $\phi50mm \times 120mm$。

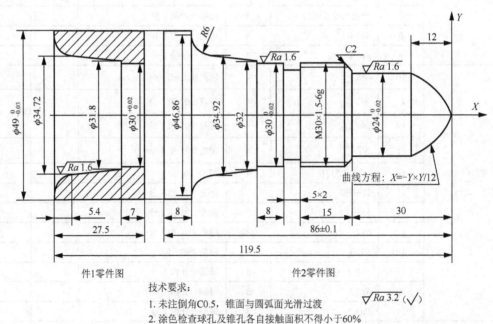

图 7-2 数控车床高级工考核实例 2

7.2.2　课题分析

1. 加工准备

毛坯钻出直径为$\phi25$，深 35mm 的底孔。加工中使用的工具、量具自备。

2. 数控工序卡编制

编写数控工序卡时，首先确定该工序加工的工步内容；然后根据每个工步内容选择刀具；最后根据所选择的刀具、刀具材料及工件材料确定其切削用量。本例加工工序卡见表 7-4。

表 7-4　数控车床高级工考核实例 2 加工工序卡

数控实训中心	数控加工工序卡片		零件名称			零件图号	
			高级工实例 2			7-2	
工艺序号	程序编号	夹具名称	夹具编号		使用设备	车　间	
7-2	O0001 O0002	三爪卡盘			CAK6136	数控车床车间	
工步号	工步内容		刀具号	刀具规格	主轴转速 (r/min)	进给速度 (mm/r)	备注
1	夹工件右端，伸出长度约为 40mm						
2	打左端面定位孔			B2.5 中心钻	1000		
3	钻$\phi20$mm 底孔			$\phi20$mm 麻花钻	400		
4	粗镗件 2 内轮廓		T04	内孔镗刀	500	0.2	
5	精镗件 2 内轮廓		T04	内孔镗刀	800	0.05	
6	粗、精加工件 2 外轮廓		T01	外圆车刀	500	0.2	
7	调头粗精加工件 1 外轮廓		T01	外圆车刀	500		
8	加工螺纹退刀槽		T02	4mm 割刀	300	0.05	
9	加工螺纹		T03	60°外螺纹刀	500		
10	工件切断		T02	4mm 割刀	300	0.05	
11	工件表面去毛刺						
12	自检后交验						
编制	高洪武	审　核		批　准		共 1 页　第 1 页	

7.2.3　课题实施

1. 加工程序编写

参考程序见表 7-5。

表 7-5　数控车床高级工考核实例 2 参考程序

程　序　号	加工程序	程　序　说　明
	O0001;	加工工件右端外轮廓
N010	G99 G21 G40;	程序初始化
N020	M3 S600;	主轴正转，转速 600r/min

续表

程 序 号	加 工 程 序	程 序 说 明
N030	T0101;	选择外圆刀
N040	G0 X50 Z2;	设置循环起点
N050	G71 U1.5 R0.5;	毛坯粗加工循环
N060	G71 P70 Q250 U0.8 W0 F0.2;	
N070	G42 G0 X0;	
N080	G1 Z0 F0.1;	
N090	#1=0;	非圆曲线的 Z 坐标值，初始为 0
N100	#2=SQRT[-12*#1];	非圆曲线的 X 坐标值
N110	#3=2*#2;	非圆曲线的 X 坐标值（工件坐标系下）
N120	#4=#1;	非圆曲线的 Z 坐标值（工件坐标系下）
N130	G1 X[#3] Z[#4] F0.1;	直线拟合
N140	#1=#1-0.1;	
N150	IF[#1 GE -12]GOTO 100;	条件判断
N160	G1 Z-30;	
N170	X25.8;	
N180	X29.8 W-2;	
N190	Z-50;	
N200	X30;	
N210	W-8;	
N220	X32;	
N230	X34.92 W-14.67;	
N240	G2 X46.86 Z-78 R6;	
N250	G40 G1 X50;	
N260	G0 X100 Z100;	
N270	M5;	主轴停止
N280	M0;	程序暂停，测量工件，修改参数
N290	M3 S1200;	
N300	T0101;	
N310	G0 X63 Z2;	
N320	G70 P70 Q250;	精车件 1 外轮廓
N330	G0 X100 Z100;	
N340	M5;	
N350	M0;	
N360	M3 S400;	加工螺纹退刀槽，切槽刀刀宽 4mm
N370	T0202;	
N380	G0 X31 Z-50;	
N390	G1 X26 F0.05;	
N400	X30 F0.2;	
N410	W1;	
N420	X26 F0.05;	
N430	Z-50;	
N440	X31 F0.2;	

续表

程 序 号	加 工 程 序	程 序 说 明
N450	G0 X100 Z100;	
N460	M5;	
N470	M0;	
N480	M3 S500;	螺纹复合循环
N490	T0303;	
N500	G0 X32 Z-25;	
N510	G76 P020060 Q100 R0.05;	
N520	G76 X27.4 Z-47 P1300 Q450 F2;	
N530	G0 X100 Z100;	
N540	M30;	程序结束

本例非圆曲线是抛物线，并且加工的尺寸具有单调性，所以粗车时用 G71 循环，精车时用 G70 循环，在编程时我们一般以 Z 坐标为自变量，X 坐标作为应变量，Z 坐标每次递减 0.1mm，计算出对应的 X 坐标值。对于左侧工件 1，掌握件 2 的编程，它就变得相对比较简单，程序请自行编写。

2. 检测与评价（表 7-6）

表 7-6　数控车床高级工考核实例 2 检测与评价表

工件编号					总得分		
项目配分	序号	考核内容	配分	评分标准		检测	得分
件 1（46%）	1	$\phi49_{-0.03}^{0}$	4	超差 0.01 扣 1 分			
	2	$\phi30_{-0.02}^{0}$	4	超差 0.01 扣 1 分			
	3	$\phi24_{-0.02}^{0}$	4	超差 0.01 扣 1 分			
	4	$M30\times30-6g$	4	超差全扣			
	5	非圆曲线	10	超差全扣			
	6	锥度 1：5、$R6$	2×2	超差全扣			
	7	$86_{-0.1}^{+0.1}$	4	超差 0.02 扣 1 分			
	8	一般尺寸及倒角	4	每错一处扣 1 分			
	9	$Ra1.6$	4	每错一处扣 1 分			
		$Ra3.2$	4	每错一处扣 1 分			
件 2（23%）	10	$\phi49_{-0.03}^{0}$	4	超差 0.01 扣 1 分			
	11	$\phi30_{0}^{+0.02}$	4	超差 0.01 扣 1 分			
	12	锥度 1：5、$R6$	2×2	超差全扣			
	13	$27.5_{-0.1}^{+0.1}$	4	超差 0.02 扣 1 分			
	14	一般尺寸及倒角	3	每错一处扣 1 分			
	15	$Ra3.2$	2	每错一处扣 1 分			
	16	$Ra3.2$	2	每错一处扣 1 分			
组合（21%）	17	接触面积≥60%	5×3	超差扣 1 分一处扣 4 分			
	18	$0.5_{-0.04}^{+0.15}$	6	超差 0.02 扣 2 分			

续表

工件编号				总得分		
项目配分	序号	考核内容	配分	评分标准	检测	得分
其他（10%）	19	工件按时完成	6	未按时完成全扣		
	20	工件无缺陷	4	缺陷一处扣 4 分		
程序与工艺	21	程序与工艺合理		每错一处扣 2 分		
机床操作	22	机床操作规范	倒扣	出错一次扣 2～5 分		
安全文明生产	23	安全操作		停止操作或酌扣 5～20 分		
其他	24	违反考风考纪	倒扣	酌情扣分		

7.2.4 课题小结

加工本例工件时，应特别注意工件的装夹，应用三爪卡盘和铜皮正确装夹工件。本例工件的加工次序为：先加工工件左端内、外轮廓，保证各项加工精度，再以左端外圆面为装夹面，加工右端外轮廓，完成后用切断刀切断。

在本课题中，要理解 G00、G01、G70、G71、G76 指令格式和编程注意事项。对工件和工作过程进行正确的检测和评价。

7.3 数控车床高级工考核实例 3

7.3.1 课题描述与课题图

加工如图 7-3 所示的工件，试分析其加工步骤并编写数控车床加工程序。已知毛坯尺寸为 $\phi50\text{mm}\times110\text{mm}$。

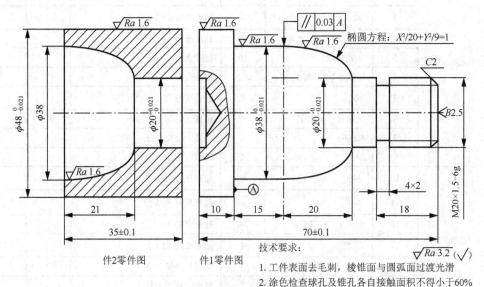

图 7-3 数控车床高级工考核实例 3

7.3.2 课题分析

1. 加工准备

毛坯钻出直径为$\phi18\text{mm}$，深48mm 的底孔。加工中使用的工具、量具、夹具自备。

2. 数控工序卡编制

编写数控工序卡时，首先确定该工序加工的工步内容；然后根据每个工步内容选择刀具；最后根据所选择的刀具、刀具材料及工件材料确定其切削用量。本例加工工序卡见表 7-7。

表 7-7　数控车床高级工考核实例 3 加工工序卡

数控实训中心	数控加工工序卡片		零件名称			零件图号	
			高级工实例 3			7-3	
工艺序号	程序编号	夹具名称	夹具编号		使用设备	车　间	
7-3	O0001	三爪卡盘			CAK6136	数控车床车间	
工步号	工步内容		刀具号	刀具规格	主轴转速 (r/min)	进给速度 (mm/r)	备注
1	夹工件右端，伸出长度约为 40mm						
2	打左端面定位孔			B2.5 中心钻	1000		
3	钻$\phi18\text{mm}$ 底孔			$\phi18\text{mm}$ 麻花钻	400		
4	粗镗件 2 内轮廓		T04	内孔镗刀	500	0.2	
5	精镗件 2 内轮廓		T04	内孔镗刀	800	0.05	
6	粗车件 2 外轮廓		T01	外圆车刀	500	0.2	
7	精车件 2 外轮廓		T01	外圆车刀	800	0.05	
8	工件调头装夹，伸出长度约为 75mm						包铜皮
9	粗车件 1 外轮廓		T01	外圆车刀	500	0.2	
10	精车件 1 外轮廓		T01	外圆车刀	800	0.05	
11	割退刀槽		T02	4mm 割刀	300	0.05	
12	加工螺纹		T03	60°外螺纹刀	500		
13	工件表面去毛刺						
14	自检后交验						
编制	高洪武	审　核		批　准		共1页　第1页	

7.3.3 课题实施

1. 加工程序编写

参考程序见表 7-8。

表 7-8　数控车床高级工考核实例 3 参考程序

程　序　号	加　工　程　序	程　序　说　明
	O0001；	加工右端外轮廓
N010	G99 G21 G40；	程序开始部分
N020	M3 S500；	
N030	T0101；	
N040	G0 X51 Z2；	
N050	G71 U1.5 R0.5；	毛坯粗车循环右端外轮廓
N060	G71 P70 Q230 U0.8 W0 F0.2；	
N070	G0 X15.85 Z2；	精加工描述
N080	G1 Z0 F0.1；	
N090	X19.85 Z-2；	
N100	Z-18；	
N110	X20；	
N120	W-7；	
N130	#1=20；	公式中 Z 坐标值
N140	#2=9/20*SQRT[20*20-#1*#1]；	公式中 X 坐标值
N150	#3=2*#2+20；	工件坐标系中的 X 坐标值
N160	#4=#1-45；	工件坐标系中的 Z 坐标值
N170	G1 X#3 Z#4 F0.1；	直线拟合曲面
N180	#1=#1-0.1；	Z 坐标增量为-0.10
N190	IF[#1 GE 0] GOTO 140；	条件判断
N200	G1 W-15；	加工圆柱面
N210	X48；	
N220	Z-60；	
N230	X50；	
N240	G0 X100 Z100；	返回换刀点
N250	M5；	主轴停止
N260	M0；	程序暂停，测量尺寸，修改参数
N270	M3 S1200；	精车右端外轮廓
N280	T0101；	
N290	G0 X51 Z2；	
N300	G70 P10 Q30；	
N310	G0 X100 Z100；	
N320	M5；	
N330	M0；	
N340	M3 S400；	换 2 号切槽刀，切 4×2 螺纹退刀槽
N350	T0202；	
N360	G0 X21 Z-18	
N370	G1 X16 F0.05	
N380	G4 X3	槽底暂停 3s

续表

程 序 号	加 工 程 序	程 序 说 明
N390	G1 X21 F0.2	
N400	G0 X100 Z100	
N410	M5	
N420	M0	
N430	M3 S500	换 3 号刀利用螺纹复合循环加工 M20×1.5 的螺纹
N440	T0303	
N460	G0 X22 Z5	
N470	G76 P020060 Q100 R0.05	
N480	G76 X18.05 Z-15 P975 Q400 F1.5	
N490	G0 X100 Z100	返回换刀点
N500	M30	程序结束

将本例中的非圆曲线分成 200 条线段后，用直线进行拟合，每段直线在 Z 轴方向的间距为 0.1mm。根据曲线公式，以 Z 坐标作为自变量，X 坐标作为应变量，Z 坐标每次递减 0.1mm，计算出对应的 X 坐标值，宏程序编程时使用以下变量进行运算：

（1）#1——非圆曲线公式中的 Z 坐标值，初始值为 20。

（2）#2——非圆曲线公式中的 X 坐标值（半径值），初始值为 0。

（3）#3——非圆曲线在工件坐标系中的 Z 坐标值。

（4）#4——非圆曲线在工件坐标系中的 X 坐标值（直径值）。

2. 检测与评价（表 7-9）

表 7-9　数控车床高级工考核实例 3 检测与评价表

工件编号					总得分		
项目配分	序号	考核内容	配分	评分标准		检测	得分
件 1（44%）	1	$\phi48_{-0.021}^{0}$	4	超差 0.01 扣 1 分			
	2	$\phi38_{-0.021}^{0}$	4	超差 0.01 扣 1 分			
	3	$\phi20_{-0.021}^{0}$	4	超差 0.01 扣 1 分			
	4	$M20×1.5-6g$	4	超差全扣			
	5	非圆曲线	8	超差全扣			
	6	外圆槽 4×2	2×2	超差全扣			
	7	70+0.10	4	超差 0.02 扣 1 分			
	8	一般尺寸及倒角	4	每错一处扣 1 分			
	9	Ra1.6	4	每错一处扣 1 分			
	10	Ra3.2	4	每错一处扣 1 分			
件 2（27%）	11	$\phi48_{-0.021}^{0}$	4	超差 0.01 扣 1 分			
	12	$\phi38$	4	超差 0.01 扣 1 分			
	13	非圆曲线	8	超差全扣			
	14	35+0.10	4	超差 0.02 扣 1 分			
	15	一般尺寸及倒角	3	每错一处扣 1 分			
	16	Ra1.6	2	每错一处扣 1 分			
	17	Ra3.2	2	每错一处扣 1 分			

续表

工件编号				总得分		
项目配分	序号	考核内容	配分	评分标准	检测	得分
组合（20%）	18	接触面积≥60%	3	每错一处扣 4 分		
	19	$15^{+0.15}_{-0.03}$	3	超差 0.02 扣 1 分		
	20	平行度 0.03	5	超差 0.01 扣 2 分		
其他（9%）	21	工件按时完成	5	未按时完成全扣		
	22	工件无缺陷	4	缺陷一处扣 4 分		
程序与工艺	23	程序与工艺合理	倒扣	每错一处扣 2 分		
机床操作	24	机床操作规范		出错一次扣 2～5 分		
安全文明生产	25	安全操作		停止操作或酌扣 5～20 分		
其他	26	违反考风考纪	倒扣	酌情扣分		

7.3.4 课题小结

前面我们接触了多例宏程序，要正确进行数控车床中的宏程序编程，其编程思路是关键，编程过程中应注意选择合适的自变量和应变量，根据公式，找出应变量和自变量之间的关系。

另外，通常情况下，公式曲线中坐标值与工件坐标系中坐标值不是同一个值，编程时应找出两者之间的关系，理清思路，这样可以达到事半功倍的效果。

在本课题中，要理解数控编程步骤中分析零件图样、确定加工工艺、数值计算、编写加工程序、制作控制介质、程序校验各个步骤的含义、具体操作方法和操作内容；G00、G01、G03、G70、G71、G76 指令格式和编程注意事项。应用三爪卡盘和铜皮正确装夹工件；应用试切法对刀并设立工件坐标系；编写工件加工程序；单段方式对工件进行试切加工；对工件和工作过程进行正确的检测和评价。

7.4 数控车床高级工考核实例 4

7.4.1 课题描述与课题图

加工如图 7-4 所示的工件，试分析其加工步骤并编写数控车床加工程序。已知毛坯尺寸为ϕ50mm×65mm 和ϕ50mm×51mm。

7.4.2 课题分析

1. 加工准备

件 1 毛坯钻出直径为ϕ20mm，深 25mm 的底孔。加工中使用的工具、量具、夹具自备。

2. 数控工序卡编制

编写数控工序卡时，首先确定该工序加工的工步内容；然后根据每个工步内容选择刀具；最后根据所选择的刀具、刀具材料及工件材料确定其切削用量。本例加工工序卡见表 7-10。

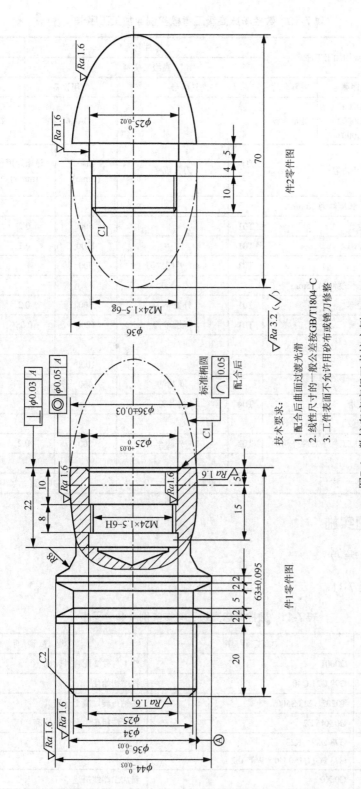

图7-4 数控车床高级工考核实例4

表 7-10 数控车床高级工考核实例 4 加工工序卡

数控实训中心	数控加工工序卡片		零件名称		零件图号
			高级工实例 4		7-4
工艺序号	程序编号	夹具名称	夹具编号	使用设备	车 间
7-4	O0001 O0002 O0003	三爪卡盘		CAK6136	数控车床车间

工步号	工步内容	刀具号	刀具规格	主轴转速 (r/min)	进给速度 (mm/r)	备注
1	夹件 2 右端，伸出长度约为 20mm					
2	粗车件 2 左端外轮廓	T01		500	0.2	
3	精车件 2 左端外轮廓	T01		1200	0.1	
4	加工件 2 外螺纹	T03	60°外螺纹刀	500		
5	夹件 1 右端，伸出长度约为 35mm					
6	粗车件 1 左端外轮廓	T01	外圆车刀	500	0.2	
7	精车件 1 左端外轮廓	T01	外圆车刀	1200	0.05	
8	工件调头装夹					包铜皮
9	打中心孔			1000		
10	钻孔		麻花钻	400		
11	粗精加工件 1 内轮廓	T04	内孔刀			
12	加工内沟槽及内螺纹					
13	件 1、件 2 配车，加工件 1 右端外轮廓	T02	35°外圆车刀	500	0.2	
14	自检后交验					
编制	高洪武	审 核		批 准		共 1 页 第 1 页

7.4.3 课题实施

1. 加工程序编写

参考程序见表 7-11。

表 7-11 数控车床高级工考核实例 4 参考程序

程 序 号	加 工 程 序	程 序 说 明
	O0001	件 1 与件 2 配合外轮廓
N010	G99 G21 G40	程序初始化
N020	T0202 M3 S500	主轴正转，换 2 号刀具
N030	G0 X46 Z2	仿形法粗车组合件外轮廓
N040	G73 U22 R23	
N050	G73 P60 Q160 U0.8 W0 F0.2	
N060	G0 X0	精加工路线描述
N070	G1 Z0 F0.1	
N080	#1=35	

续表

程 序 号	加 工 程 序	程 序 说 明
N090	N20 #2=18 /35*SQRT[35*35-#1*#1]	
N100	#3=2*#2	
N110	#4=#1-35	
N120	G1 X#3 Z#4	
N130	#1=#1-0.1	
N140	IF[#1 GE -15] GOTO 20	
N150	G2 X44 Z-60 R8	
N160	G1 X45	
N170	G0 X100 Z100	返回换刀点
N180	M5	主轴停止
N190	M0	程序暂停
N200	G50 S1500	设置主轴最高转速
N210	M3 S1000	
N220	T0707	
N230	G96 S120	设置恒线速度 S=120m/min
N240	G0 X45 Z2	精车组合件外轮廓
N250	G70 P60 Q160	
N260	G0 X100 Z100	
N270	G97 S500	取消恒线速度
N280	M30	程序结束

2. 检测与评价（表 7-12）

表 7-12 数控车床高级工考核实例 4 检测与评价表

工件编号				总得分			
项目配分	序号	考核内容	配分	评分标准		检测	得分
件 1（50%）	1	$\phi44_{-0.03}^{0}$	4	超差 0.01 扣 1 分			
	2	$\phi36_{-0.03}^{0}$	4	超差 0.01 扣 1 分			
	3	$\phi25_{0}^{+0.03}$	4	超差 0.01 扣 1 分			
	4	36 ± 0.03	4	超差 0.01 扣 1 分			
	5	63 ± 0.095	4	超差 0.02 扣 1 分			
	6	$M24\times1.5\text{-}6H$	4	超差全扣			
	7	垂直度 0.03	4	超差 0.01 扣 1 分			
	8	曲线轮廓度 0.05	6	超差全扣			
	9	R8、梯形槽	2/4	超差全扣			
	10	Ra1.6	3	每错一处扣 1 分			
	11	Ra3.2	3	每错一处扣 1 分			
	12	一般尺寸及倒角	4	每错一处扣 1 分			
件 2（20%）	13	$M24\times1.5\text{-}6g$	4	超差全扣			
	14	$\phi25_{-0.02}^{0}$	4	超差 0.01 扣 1 分			
	15	曲面轮廓度 0.05	6	超差全扣			
	16	一般尺寸及倒角	2	每错一处扣 1 分			
	17	Ra1.6	2	每错一处扣 1 分			
	18	Ra3.2	2	每错一处扣 1 分			

工件编号				总得分		
项目配分	序号	考核内容	配分	评分标准	检测	得分
组合（20%）	19	93±0.10	5	超差 0.02 扣 1 分		
	20	曲面过渡光滑	5	超差全扣		
	21	螺纹配合	5	超差全扣		
	22	内外圆配合	5	超差全扣		
其他（10%）	23	工件按时完成	6	未按时完成的全扣		
	24	工件无缺陷	4	缺陷一处扣 3 分		
程序与工艺	25	程序与工艺合理	倒扣	每错一处扣 2 分		
机床操作	26	机床操作规范		出错一次扣 2～5 分		
其他	26	违反考风考纪	倒扣	酌情扣分		

7.4.4 课题小结

采用 FANUC 系统的 G73 指令加工本例时，由于总的切削深度为 22.5mm（半径），总的切削次数较多，所以加工过程中的空行程较多。

7.5 数控车床高级工考核实例 5

7.5.1 课题描述与课题图

加工图 7-5 所示的工件，试分析其加工步骤并编写数控车床加工程序。已知毛坯尺寸为 ϕ50mm×105mm 与 ϕ50mm×37mm。

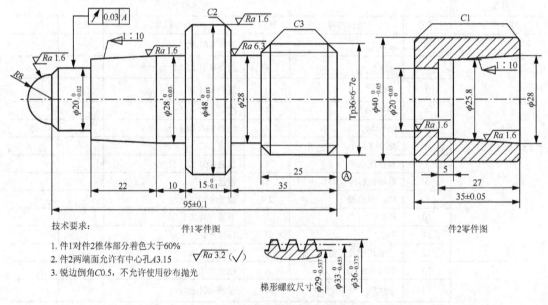

技术要求：

1. 件1对件2椎体部分着色大于60%
2. 件2两端面允许有中心孔 A3.15
3. 锐边倒角 C0.5，不允许使用砂布抛光

图 7-5 数控车床高级工考核实例 5

7.5.2 课题分析

1. 加工准备

件 2 毛坯材料加工前先钻出直径为 $\phi18$ 的通孔。

2. 数控工序卡编制

编写数控工序卡时，首先确定该工序加工的工步内容；然后根据每个工步内容选择刀具；最后根据所选择的刀具、刀具材料及工件材料确定其切削用量。本例加工工序卡见表 7-13。

表 7-13 数控车床高级工考核实例 5 加工工序卡

数控实训中心	数控加工工序卡片		零件名称			零件图号	
			高级工实例 5			7-5	
工艺序号	程序编号	夹具名称	夹具编号		使用设备	车 间	
7-5	O0001	三爪卡盘			CAK6136	数控车床车间	
工步号	工步内容		刀具号	刀具规格	主轴转速 (r/min)	进给速度 (mm/r)	备注
1	夹件 2 左端，伸出长度约为 20mm						
2	打右端面定位孔			B2.5 中心钻	1000		
3	钻 $\phi18$mm 底孔			$\phi18$mm 麻花钻	400		
4	粗镗件 2 内轮廓		T04	内孔镗刀	500	0.2	
5	精镗件 2 内轮廓		T04	内孔镗刀	800	0.05	
6	粗车件 2 右端外轮廓		T01	外圆车刀	500	0.2	
7	精车件 2 右端外轮廓		T01	外圆车刀	800	0.05	
8	工件调头装夹，伸出长度约为 18mm						包铜皮
9	粗车件 2 左端外轮廓		T01	外圆车刀	500	0.2	
10	精车件 2 左端外轮廓		T01	外圆车刀	800	0.05	
11	粗精加工件 1 左端外轮廓						
12	粗精加工件 1 右端外轮廓						
13	加工梯形螺纹退刀槽		T02	槽到刀宽 4mm	300	0.05	
14	加工梯形螺纹		T03		200		
编制	高洪武	审 核		批 准		共 1 页 第 1 页	

7.5.3 课题实施

1. 加工程序编写

参考程序见表 7-14。

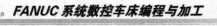

表 7-14　数控车床高级工考核实例 5 参考程序

程 序 号	加 工 程 序	程 序 说 明
	O0001	梯形螺纹加工程序
N010	T0303 M3 S200	主轴正转，转速 200r/min，换梯形螺纹刀
N020	G0 X36 Z10	快进至梯形螺纹起点处
N030	#1=0.1	每次 X 方向的进刀量（半径）
N040	#2=3.5	牙型高度
N050	#3=1	加工次数设置
N060	G0 U-[2*#1]	
N070	G32 Z-30 F6	
N080	G0 X33	
N090	Z[10+[#2-#1]*0.268+A]	右端借刀，A=(牙槽底宽-刀宽)/2
N100	X36	
N110	G32 Z-30 F6	
N120	G0 X33	
N130	Z[10-[#2-#1]*0.268-A]	左端借刀
N140	X36	
N150	G32 Z-30 F6	
N160	G0 X33	
N170	Z10	
N180	X36	
N190	#1=#1+0.1	X 方向每次递增 0.1mm（半径）
N200	#3=#3+1	次数累计
N210	IF [#3 LE 35] GOTO 60	条件判断
N220	G0 X100 Z100	
N230	M30	程序结束

梯形螺纹的代号用字母"Tr"及公称直径×螺距表示，单位均为 mm。左旋螺纹在尺寸规格之后加注"LH"，右旋则不用标注。例如，Tr36×6、Tr44×8LH。国标规定，公制梯形螺纹的牙型角为 30°。以梯形外螺纹为例，梯形螺纹各部分尺寸计算如下：大径 d=公称直径；中径 d_2=d-0.5P（P 为螺距）；小径 d_1=d-2h（h 为牙型高度）；牙顶宽 f=0.366P（P 为螺距）；牙槽底宽 W=0.366P-0.536ac（ac 为牙顶间隙）；牙顶间隙 ac 取值如下：

P	1.5~5	6~12	14~44
ac	0.25	0.5	1

2. 检测与评价（表7-15）

表7-15　数控车床中级工考核实例5检测与评价表

工件编号				总得分			
项目配分	序号	考核内容	配分	评分标准		检测	得分
件1（45%）	1	$\phi20_{-0.02}^{0}$	4	超差0.01扣1分			
	2	$\phi28_{-0.03}^{0}$	4	超差0.01扣1分			
	3	$\phi48_{-0.03}^{0}$	4	超差0.01扣1分			
	4	10 ± 0.20	3	超差0.01扣1分			
	5	$15_{-0.1}^{0}$	3	超差0.02扣1分			
	6	$R8$，$1:10$	2×2	超差全扣			
	7	跳动度0.03	3×2	超差0.01扣1分			
	8	$15°\pm6'$	4	超差2′扣1分			
	9	6 ± 0.04	4	超差0.01扣1分			
	10	$\phi29_{-0.537}^{0}$	4	超差0.05扣1分			
	11	$\phi33_{-0.453}^{-0.116}$	4	超差0.05扣1分			
	12	$\phi36_{-0.375}^{0}$	4	超差0.05扣1分			
	13	$\phi28\times10$	2×2	超差全扣			
	14	一般尺寸及倒角	4	每错一处扣1分			
	15	$Ra1.6$	3	每错一处扣1分			
	16	$Ra3.2$	3	每错一处扣1分			
件2（27%）	17	$\phi40_{-0.05}^{0}$	4	超差0.01扣1分			
	18	$\phi20_{0}^{-0.03}$	4	超差0.01扣1分			
	19	35 ± 0.05	3	超差0.02扣1分			
	20	$1:10$	2	超差全扣			
	21	$Ra1.6$	2	每错一处扣1分			
	22	$Ra3.2$	2	每错一处扣1分			
组合（20%）	23	螺纹与圆柱配合	8	超差一处扣4分			
	24	95 ± 0.10	6	超差0.02扣1分			
其他（%）	25	工件按时完成	5	未按时完成的全扣			
	26	工件无缺陷	3	缺陷一处扣3分			
程序与工艺	27	程序与工艺合理		每错一处扣2分			
机床操作	28	机床操作规范	倒扣	出错一次扣2~5分			
安全文明生产	29	安全操作		停止操作或酌扣5~20分			

7.5.4　课题小结

加工梯形螺纹时，我们通常采用高速钢梯形螺纹刀低速切削，同时用宏程序并采用"左、中、右"借刀法。

7.6　数控车床中级工考核实例6

7.6.1　课题描述与课题图

加工图 7-6 所示的工件，试分析其加工步骤并编写数控车床加工程序。已知毛坯尺寸为
$\phi50mm\times81mm$ 与 $\phi50mm\times55mm$。

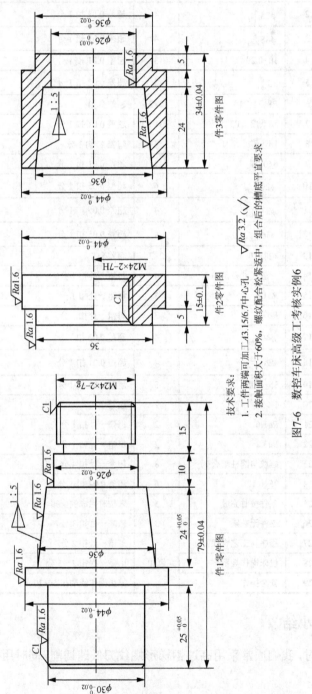

技术要求：

1. 工件两端可加工 $A3.15/6.7$ 中心孔。

2. 接触面积大于60%，螺纹配合松紧适中，组合后的槽底平直要求。

图7-6　数控车床高级工考核实例6

7.6.2　课题分析

1. 加工准备

件 2 毛坯材料加工前先钻出直径为 $\phi20$ 的通孔。加工中使用工具、量具自备。

2. 零件图样分析

本例工件是一个三件组合件，三件均采用分开加工方式进行，加工好后要达到相应的配合要求。工件组合后，难保证的组合尺寸精度主要有：组合尺寸，槽宽尺寸。其他组合精度有：接触面积大于 60%，螺纹配合松紧适中，组合后的槽底平直要求。

为了保证以上各项配合精度，除了要严格保证单件的各项尺寸精度外，还需保证单个零件的形位精度要求，但这些形位精度，如同轴度、跳动度等，虽然在图纸上没有标注具体的要求，仍必须控制在 0.03mm 以内，否则无法达到配合后的精度要求。对于零件中的内外螺纹、表面粗糙度，按图纸公差要求进行加工即可。

3. 数控工序卡编制

编写数控工序卡时，首先确定该工序加工的工步内容；然后根据每个工步内容选择刀具；最后根据所选择的刀具、刀具材料及工件材料确定其切削用量。本例加工工序卡见表 7-16。

表 7-16　数控车床高级工考核实例 5 加工工序卡

数控实训中心	数控加工工序卡片		零件名称			零件图号	
			高级工实例 5			7-5	
工艺序号	程序编号	夹具名称	夹具编号		使用设备	车　间	
7-5	略	三爪卡盘			CAK6136	数控车床车间	
工步号	工步内容		刀具号 （略）	刀具规格 （略）	主轴转速 (r/min)（略）	进给速度 (mm/r)（略）	备注
1	以毛坯 2 外圆表面作为装夹面，手动车削毛坯 2 端面并进行对刀						
2	加工件 3 的 $\phi44$ 外圆（长度为 38mm）、内圆锥和 $\phi26$ 内圆柱（总深度为 38mm）						
3	调头以已加工的 $\phi44$ 外圆作为装夹面，加工件 2 台阶外圆、$\phi22$ 内孔和内螺纹						
4	不拆除工件，切断刀切下件 2						
5	不拆除工件，加工件 3 端面和 $\phi36$ 外圆，保证各项精度要求						
6	以件 2 的 $\phi44$ 外圆作为装夹面，加工件 2 端面（保证总长）并进行螺纹倒角						
7	以毛坯 1 外圆表面作为装夹面，手动车削毛坯 1 端面并进行对刀						
8	加工件 1 的 $\phi30$ 和 $\phi44$ 外圆；（长度大于 30mm）						

续表

工步号	工步内容	刀具号 (略)	刀具规格 (略)	主轴转速 (r/min) (略)	进给速度 (mm/r) (略)	备注
9	调头以加工的ϕ40 外圆作为装夹面,手动车削件 1 右端面,保证总长 79,打中心孔					
10	采用一夹一顶的装夹方式,加工件 1 的右端外轮廓,保证圆柱、圆锥、外螺纹、切槽等各表面的加工精度					
编制	高洪武	审 核		批准	共1页 第1页	

7.6.3 课题实施

1. 加工程序编写

因本例的编程比较简单,故参考程序省略,请读者合理安排加工工艺,自行编写加工程序。

2. 检测与评价（表 7-17）

表 7-17 数控车床高级工考核实例 6 检测与评价表

工件编号				总得分			
项目配分	序号	考核内容	配分	评分标准		检测	得分
件 1（40%）	1	$\phi 30_{-0.02}^{0}$	4	超差 0.01 扣 1 分			
	2	$\phi 44_{-0.02}^{0}$	4	超差 0.01 扣 1 分			
	3	$\phi 26_{-0.02}^{0}$	4	超差 0.01 扣 1 分			
	4	$M24\times2$-7g	4	超差全扣			
	5	79 ± 0.04	3	超差 0.02 扣 1 分			
	6	$25_{0}^{+0.05}$、 $24_{0}^{+0.05}$	3×2	超差 0.01 扣 1 分			
	7	3×2、1:5	3×2	超差全扣			
	8	Ra3.2	3	每错一处扣 1 分			
	9	Ra1.6	3	每错一处扣 1 分			
	10	一般尺寸及倒角	3	每错一处扣 1 分			
件 2（25%）	11	$\phi 36_{-0.02}^{0}$	4	超差 0.01 扣 1 分			
	12	$\phi 44_{-0.02}^{0}$	4	超差 0.01 扣 1 分			
	13	$M24\times2$-7H	4	超差 0.01 扣 1 分			
	14	15 ± 0.1	3	超差 0.01 扣 1 分			
	15	Ra1.6	3	超差 0.02 扣 1 分			
	16	Ra3.2	2	每错一处扣 1 分			
件 3（25%）	17	$\phi 44_{-0.02}^{0}$	4	超差 0.01 扣 1 分			
	18	$\phi 36_{-0.02}^{0}$	4	超差 0.01 扣 1 分			
	19	$\phi 26_{0}^{+0.03}$	4	超差 0.01 扣 1 分			
	20	1:5	2	超差全扣			
	21	34 ± 0.04	3	超差 0.02 扣 1 分			
	22	Ra1.6	3	每错一处扣 1 分			

续表

工件编号				总得分			
项目配分	序号	考核内容	配分	评分标准		检测	得分
其他（10%）	23	工件按时完成	10	未按时完成的全扣			
	24	工件无缺陷	10	缺陷一处扣3分			
程序与工艺	25	程序与工艺合理	倒扣	每错一处扣2分			
机床操作	26	机床操作规范		出错一次扣2～5分			
文明生产	27	安全操作		停止操作或酌扣5～20分			

7.6.4 课题小结

本例的目的是为了强化学生高级工应会的操作技能，使学生充分掌握配合件的编程与加工的技能技巧，提高学生分析问题和解决问题的能力，从而使学生顺利通过数控车床高级职业技能鉴定。

思考与练习

1. 试编写如图 7-7 所示工件的加工程序（毛坯尺寸为 $\phi50mm×150mm$），并在数控车床上进行加工，并进行装配。

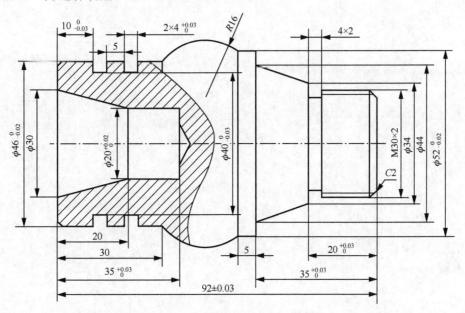

图 7-7 编写加工程序的工件

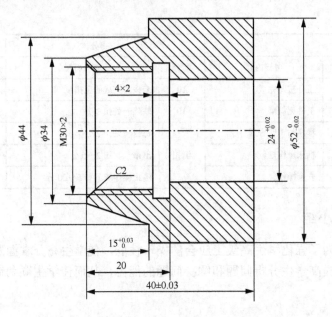

图 7-7　编写加工程序的工件（续）

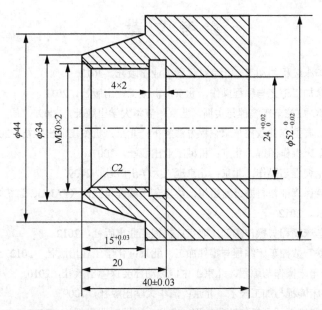

图 7-7 编写加工程序的工件（续）

参 考 文 献

[1] 高素琴. 数控车床编程与加工. 北京：化学工业出版社，2012.

[2] 王兵. 数控车床加工工艺与编程操作. 北京：机械工业出版社，2011.

[3] 向成刚. FANUC 数控车床编程与实训. 北京：清华大学出版社，2009.

[4] 宋建武，杨丽. 典型零件数控车床编程方法解析. 北京：机械工业出版社，2012.

[5] 陈为国. 数控车床操作图解. 北京：机械工业出版社，2007.

[6] 刘立. 数控车床编程与操作. 北京：北京理工大学出版社，2009.

[7] 人力资源和社会保障部教材办公室组织. 数控车床编程与操作（FANUC 系统）. 北京：中国劳动社会保障出版社，2012.

[8] 翟瑞波. 数控车床编程与操作实例. 北京：机械工业出版社，2012.

[9] 卞化梅，牛小铁. 数控车床编程与零件加工. 北京：化学工业出版社，2012.

[10] 张智敏. 数控车床操作与编程. 北京：中国劳动社会保障出版社，2010.

[11] 王姬. 数控车床编程与加工技术. 北京：清华大学出版社，2009.

[12] 朱明松. 数控车床编程与操作项目教程. 北京：机械工业出版社，2011.

[13] 李银涛. 数控车床高级工操作技能鉴定. 北京：化学工业出版社，2009.

[14] 冼进. 数控车床操作基础与应用实例. 北京：电子工业出版社，2012.

[15] 吕斌杰，高长银，赵汶. 数控车床（FANUC、SIEMENS 系统）编程实例精粹. 北京：化学工业出版社，2011.

[16] 刘蔡保. 数控车床编程与操作. 北京：化学工业出版社，2009.

[17] 顾雪艳. 数控加工编程操作技艺与禁忌. 北京：机械工业出版社，2007.

反侵权盗版声明

电子工业出版社依法对本作品享有专有出版权。任何未经权利人书面许可，复制、销售或通过信息网络传播本作品的行为，歪曲、篡改、剽窃本作品的行为，均违反《中华人民共和国著作权法》，其行为人应承担相应的民事责任和行政责任，构成犯罪的，将被依法追究刑事责任。

为了维护市场秩序，保护权利人的合法权益，我社将依法查处和打击侵权盗版的单位和个人。欢迎社会各界人士积极举报侵权盗版行为，本社将奖励举报有功人员，并保证举报人的信息不被泄露。

举报电话：（010）88254396；（010）88258888

传　　真：（010）88254397

E-mail：　dbqq@phei.com.cn

通信地址：北京市万寿路 173 信箱

　　　　　电子工业出版社总编办公室

邮　　编：100036